Real
Sociedad
Española de
Física

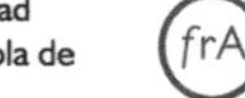

Jorge Bravo Abad

Inteligencia artificial y física

UN VIAJE COMPARTIDO DE DESCUBRIMIENTOS

COLECCIÓN **FÍSICA Y CIENCIA** PARA TODOS

Diseño de cubierta: Pablo Nanclares

ISBN: 978-84-1067-535-3
Thema: PDZ/PH/UYQ
Depósito legal: M-2.730-2026

A Emma y a Daniela, a quienes pertenece
un futuro que apenas alcanzamos a vislumbrar

Índice

Prefacio 11

Capítulo 1. El puente inesperado entre IA y física 15

Capítulo 2. De la física estadística a la IA generativa 31

Capítulo 3. IA en el reino cuántico 49

Capítulo 4. En busca de lo fundamental: IA en física de partículas 69

Capítulo 5. IA y laboratorios de materiales que nunca duermen 87

Epílogo. Hacia una inteligencia compartida 107

Glosario 113

Prefacio

Cuando el profesor Luis Viña me llamó una tarde de primavera para proponerme la escritura de este volumen, confieso que sentí una mezcla de entusiasmo y vértigo. La inteligencia artificial (IA) avanza a un ritmo tan frenético que cualquier intento de capturar su estado actual en una obra impresa corre el riesgo de quedar obsoleto antes de que la tinta se seque en sus páginas. Sin embargo, había algo en la propuesta que me resultaba irresistible: la oportunidad de tender un puente entre dos mundos que conozco bien, el de la física y el de la IA, para un público quizás no familiarizado con ninguno de ellos, pero que siente curiosidad genuina por ambos.

Este libro no pretende ser un tratado exhaustivo ni una enciclopedia de todo lo que la IA puede hacer por la física, o viceversa. Semejante empresa requeriría varios volúmenes y, probablemente, un ejército de autores especializados en cada subdisciplina. En su lugar, he optado por un enfoque diferente: seleccionar cuidadosamente algunos temas que considero especialmente reveladores y representativos del diálogo que se está produciendo entre estas dos formas de entender el mundo. Mi objetivo ha sido iluminar, no abrumar. Despertar curiosidad, no satisfacerla por completo.

La elección de estos temas responde a varios criterios. En primer lugar, he buscado historias donde la conexión entre física e IA sea profunda y conceptual, no meramente instrumental.

No me interesa tanto mostrar cómo la IA acelera cálculos que ya sabíamos hacer como explorar aquellos casos donde ambas disciplinas se enriquecen mutuamente, donde los conceptos de una transforman nuestra comprensión de la otra. En segundo lugar, he privilegiado ejemplos que permitan transmitir ideas fundamentales sin requerir años de formación especializada. La física y la IA comparten un lenguaje matemático que puede resultar intimidante, pero las intuiciones que subyacen a ese lenguaje son a menudo sorprendentemente accesibles cuando se presentan de la manera adecuada.

Esta obra está dirigida tanto a científicos como a no científicos. Para el lector con formación en física, espero que estas páginas ofrezcan una ventana a las posibilidades que la IA abre en nuestro campo, quizás inspirándole a explorar herramientas y enfoques que no había considerado. Para el lector con conocimientos de informática o ciencia de datos, confío en que descubra cómo las ideas de la física han moldeado, y siguen moldeando, los fundamentos mismos de las técnicas de aprendizaje automático que utiliza a diario. Y para el lector sin formación técnica específica, pero con ganas de entender el mundo, este volumen aspira a ser una invitación a uno de los diálogos más fascinantes de la ciencia contemporánea.

Cada capítulo puede leerse de forma independiente, aunque existe un hilo conductor que los une. Comenzaremos explorando el puente inesperado que conecta ambas disciplinas, ese territorio fronterizo donde las preguntas de la física se encuentran con las respuestas de la IA y viceversa. Luego nos adentraremos en las raíces de la IA generativa, lo que nos llevará a descubrir cómo conceptos de la física estadística, desarrollados hace más de un siglo para entender el comportamiento de gases y materiales, resultan ser el lenguaje natural para describir cómo las máquinas aprenden a crear. Desde allí viajaremos al reino cuántico, donde la IA se convierte en nuestra aliada para navegar en espacios de posibilidades que desbordan cualquier cálculo humano. Exploraremos después el mundo de la física de partículas, en el que aceleradores como el LHC generan diluvios de datos que solo la IA puede ayudarnos a interpretar. Y, finalmente, miraremos hacia el futuro del diseño de materiales, donde laboratorios autónomos guiados por IA prometen revolucionar la forma en que descubrimos y creamos la materia del mañana.

A lo largo de estas páginas, el lector encontrará que intento mantener un equilibrio entre rigor y accesibilidad. Cuando ha sido necesario introducir conceptos técnicos, he procurado hacerlo de manera gradual, usando analogías e intuiciones. He incluido también abundantes referencias bibliográficas para aquellos que deseen profundizar en algún tema específico, aunque este libro puede leerse perfectamente sin consultarlas. Las figuras de este volumen pretenden, por otro lado, clarificar conceptos de una manera esquemática.

Como he mencionado al principio, este es un campo en rapidísima evolución. Algunas de las técnicas que describo como punteras hoy pueden ser superadas mañana. Algunos de los desafíos que menciono como irresolubles pueden encontrar solución antes de que estas páginas lleguen a sus manos. Pero confío en que las ideas fundamentales, las intuiciones profundas sobre cómo física e IA se entrelazan mantendrán su vigencia mucho más allá de cualquier avance tecnológico particular. Es precisamente ese nivel de comprensión el que he intentado transmitir.

* * *

Quiero expresar mi más sincero agradecimiento a los profesores Luis Viña y Miguel Ángel Fernández Sanjuán por su confianza, el impulso inicial que necesitaba para embarcarme en esta aventura, la lectura detallada del borrador de este volumen y sus sugerencias. Agradezco también a Carmen Pérez, editora de Catarata, por su lectura del borrador, su paciencia y apoyo durante todo el proceso de escritura.

También quiero agradecer a todos los estudiantes, colegas y colaboradores con quienes he tenido el privilegio de discutir estas ideas a lo largo de los años. La ciencia es una empresa colectiva, y muchas de las intuiciones que presento en estas páginas han sido refinadas en innumerables conversaciones de pasillo, seminarios y sesiones de trabajo. Si este libro logra transmitir algo del asombro que siento ante el encuentro entre física e IA, será gracias a todos ellos.

Este libro no habría sido posible sin mi familia. Mónica, mi mujer, que no ha dejado de inspirarme desde que nuestras vidas se cruzaron en los pasillos del MIT, para ya no separarse. Me enseña cada día que la excelencia cobra sentido cuando se pone al servicio de los demás. Emma, nuestra hija, tan extraordinaria que con su luz lo transforma todo. Su forma de ver el mundo nos recuerda cada día que el futuro será mejor. Mis padres, María Jesús y Demetrio, y mi hermano Daniel, son las raíces a las que vuelvo y el suelo firme desde el que siempre parto.

Mi esperanza es que, al cerrar la última página, el lector sienta algo de la misma fascinación que me acompaña cada día en mi trabajo como investigador y docente. Vivimos un momento extraordinario en la historia de la ciencia, un momento en que dos formas de inteligencia, la natural y la artificial, están empezando a colaborar de maneras que apenas comenzamos a imaginar. Este libro es una invitación a asomarse a ese diálogo, a participar de ese asombro y quizás a contribuir, desde cualquier disciplina o perspectiva, al viaje compartido de descubrimientos que tenemos por delante.

JORGE BRAVO ABAD
Madrid, noviembre de 2025

CAPÍTULO 1

El puente inesperado entre IA y física

1.1. El asombro como punto de partida

Desde que alcanzo a recordar, me acompaña una curiosidad insaciable por entender cómo y por qué funciona el mundo. ¿Por qué el cielo es azul?, ¿por qué brillan los metales?, ¿cómo puede un circuito elemental procesar información? Ese asombro, a medio camino entre la física y la tecnología, ha sido siempre el motor que me ha empujado a aprender.

Con el tiempo comprendí que esa inquietud no era solo una emoción infantil, sino el punto de partida de todo conocimiento. Esa curiosidad, afinada tras décadas de dedicación a la investigación científica, me ha llevado a ser testigo de primera fila de lo que considero uno de los momentos más fascinantes de la historia reciente de la ciencia: el periodo en que la frontera entre la inteligencia artificial (IA)* y la física empieza a difuminarse. De ese encuentro entre dos disciplinas, aparentemente tan diferentes, está emergiendo una nueva forma de generar conocimiento científico.

Durante buena parte del siglo XX, la IA fue un sueño de ingenieros y matemáticos: enseñar a las máquinas a reconocer patrones, a aprender de la experiencia, a generalizar [1]. Hoy en día ese sueño se está materializando con rapidez. La IA se está convirtiendo en una herramienta universal, creando un cambio económico y social tan influyente como el que generó la invención de la máquina de vapor en el pasado [2].

El principio básico de la IA es tan simple como poderoso: aprender de los datos para predecir lo desconocido. Y aunque su éxito se haya hecho visible primero en la industria [3], con coches que se conducen solos o algoritmos que adivinan nuestros gustos musicales, una revolución igualmente profunda está ocurriendo, más silenciosa, en los laboratorios y centros de investigación de todo el mundo. La física, que durante siglos avanzó con lápiz y papel y que más tarde confió en la simulación numérica* como su gran compañera, ha encontrado ahora en la IA una nueva poderosa aliada [4]. En realidad, si uno lo reflexiona con detenimiento, ambas disciplinas, aunque separadas por tradición, comparten una misma ambición: descifrar el orden oculto que se esconde tras la complejidad.

Pero sus caminos hacia ese objetivo son distintos. La física no solo busca predecir, pretende formular leyes universales de la naturaleza, relaciones causales que expliquen el porqué de las cosas. La IA, en cambio, se centra casi exclusivamente en el cómo: cómo encontrar modelos eficientes capaces de predecir o generar nuevos datos a partir de los existentes, aunque no siempre podamos acceder a las razones fundamentales por las que funcionan esos modelos. Parafraseando al profesor Geoffrey Hinton, Premio Nobel de Física de 2024, las redes neuronales aprenden y aprovechan lo aprendido, aunque no siempre sepamos con precisión cómo han llegado a hacerlo [5].

Esa diferencia de espíritu no ha sido un obstáculo, sino más bien una fuente de inspiración mutua. La física ha aportado a la IA conceptos como energía, equilibrio o fluctuación, mientras que la IA ofrece a la física nuevas maneras de explorar espacios de estados tan grandes que sería imposible explorar de ninguna otra forma. No es casualidad que los primeros modelos de redes neuronales artificiales*, como el de John Hopfield, también Premio Nobel de Física de 2024, nacieran inspirados en la física que describe el comportamiento colectivo de propiedades tan fundamentales como el espín [6].

El resultado es un diálogo entre dos formas de inteligencia: la natural, que busca entender, y la artificial, que busca mejorar nuestra forma de predecir y sintetizar datos nuevos. Entre ambas está emergiendo un nuevo modo de hacer ciencia, uno en el que las máquinas ya no son solo instrumentos de cálculo, sino compañeras de exploración.

Mi objetivo en este primer capítulo es situar ese encuentro: entender cómo hemos llegado hasta aquí y, sobre todo, qué estamos empezando a intuir. Porque si algo enseña la historia de la ciencia es que detrás de cada respuesta hay siempre una pregunta mejor. Y ojalá, mientras recorres estas páginas, sientas una chispa del mismo asombro y curiosidad que hoy nos impulsa a tantos investigadores a trabajar en la frontera entre la inteligencia humana y la artificial.

1. 2. Un breve repaso histórico: de autómatas y sueños de inteligencia

Para entender cómo se entrelazan la IA y la física, conviene dar un pequeño salto atrás. No para recorrer toda la historia de la filosofía natural, sino para seguir algunos destellos que revelan una obsesión constante del ser humano: ¿podemos reproducir la inteligencia mediante reglas y mecanismos?

Esa fijación se remonta a los primeros autómatas. En los mitos griegos, Hefesto, dios de la forja, daba forma a estatuas metálicas capaces de moverse y servir a los dioses [7]. En China y en el mundo islámico de la antigüedad, se construyeron ingenios mecánicos que parecían tener vida propia [8, 9]. Siglos después, durante el Renacimiento y la Ilustración, los relojeros europeos perfeccionaron el arte de los ingenios automáticos: muñecos que escribían, tocaban música o imitaban el vuelo de un ave [10]. Eran solo engranajes y válvulas, pero despertaban una pregunta que aún nos acompaña: ¿puede lo inanimado llegar a pensar?

Con la revolución científica del siglo XVII, la física ofreció una nueva lente para mirar ese misterio. Galileo Galilei, Johannes Kepler e Isaac Newton mostraron que el cosmos se comportaba como una máquina precisa, gobernada por leyes matemáticas universales [11]. La naturaleza dejó de verse como un conjunto de voluntades caprichosas y pasó a concebirse como un mecanismo predecible. Y con ello surgió una intuición poderosa: si el universo puede describirse con ecuaciones, quizá algún día también podría programarse una inteligencia. La física no solo ofrecía inspiración, proporcionaba el lenguaje formal, las matemáticas, con el que esa aspiración podría expresarse siglos después en forma de algoritmos.

Figura 1.1

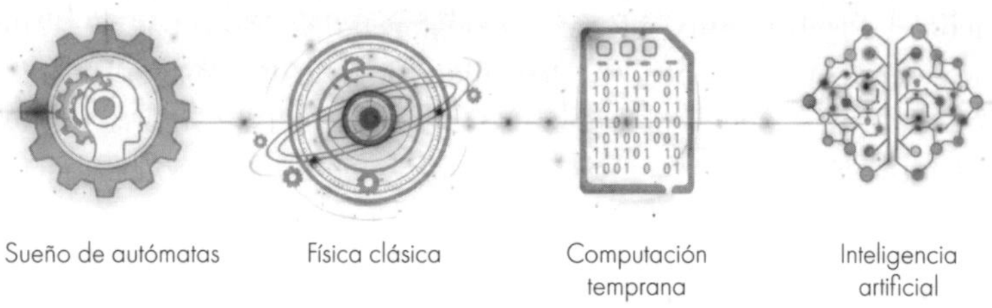

Del sueño de los autómatas a las redes neuronales: un esfuerzo que comienza hace más de dos milenios, cuando la humanidad busca reproducir, mediante leyes, engranajes y algoritmos, aquello que llamamos inteligencia.

El sueño tomó nuevo impulso con la Revolución Industrial y, más tarde, con el nacimiento de la informática. Alan Turing, en plena Segunda Guerra Mundial, imaginó la "máquina universal" capaz de ejecutar cualquier cálculo expresable en símbolos. Mientras descifraba códigos en su despacho de Bletchley Park, se preguntaba ya si esas máquinas podrían llegar a pensar. Su célebre test de Turing* sigue siendo, aún hoy, un punto de referencia en la discusión sobre la inteligencia de las máquinas [12].

Mientras tanto, la física vivía sus propias revoluciones. La relatividad y la mecánica cuántica* transformaron nuestra visión del espacio, el tiempo y la materia, obligando a manejar ecuaciones cada vez más complejas [13]. La llegada de los ordenadores digitales, a mediados del siglo XX, abrió una nueva etapa: la simulación numérica. Por primera vez, era posible explorar fenómenos naturales no solo con teorías analíticas y experimentos, sino también con modelos computacionales [14].

Hacia finales del siglo XX y comienzos del XXI, la cantidad de datos se disparó. Los investigadores comenzaron a tener a su disposición telescopios capaces de cartografiar millones de galaxias, aceleradores de partículas que registran un volumen ingente de colisiones por segundo y simulaciones de ordenador que permiten modelar rápidamente un gran número de materiales a escala atómica [15]. En ese escenario, la IA encontró su hábitat natural. La física, con su insaciable apetito por los datos y los patrones ocultos para descubrir nuevas relaciones fundamentales, se convirtió en un terreno de experimentación ideal para algoritmos capaces de aprender de la experiencia.

El camino que une aquellos autómatas de engranajes de la antigüedad y los modernos algoritmos de aprendizaje automático no es lineal, pero sí coherente. A lo largo de los siglos, la misma fascinación por reproducir el pensamiento mediante mecanismos se ha ido alimentando con cada avance de la física. Y en este punto histórico, la relación se ha vuelto verdaderamente recíproca: la física ya no solo inspira a la IA, sino que la IA está empezando a transformar la manera en que la física se practica, se comprende y se desarrolla.

1.3. ¿Qué entendemos por 'inteligencia' en IA?

Antes de seguir avanzando, es importante detenernos en esta pregunta: ¿qué entendemos cuando nos referimos a "inteligencia" en la IA? Porque el término "inteligencia artificial" suena poderoso, casi de ciencia ficción, pero conviene delimitarlo un poco, especialmente en un contexto científico. En la práctica, lo que llamamos IA es mucho más terrenal, aunque no por ello menos fascinante.

En su concepción más general, la IA se centra en construir sistemas capaces de percibir un entorno y de actuar en consecuencia para alcanzar un objetivo. En otras palabras, diseñar agentes que reciben información, la procesan y responden de una forma que, al menos desde fuera, resulta "inteligente" [1].

Ahora bien, la mayor parte de lo que tenemos hoy no es una inteligencia comparable a la humana, flexible y creativa, sino lo que se conoce como IA estrecha: algoritmos que hacen muy bien una tarea concreta y nada más. Un programa que reconoce rostros en una fotografía es incapaz de resolver una ecuación de segundo grado, y un modelo que detecta tumores en imágenes médicas no puede conducir un coche autónomo. La IA "general" (AGI, *artificial* *general intelligence*)*, esa máquina que razonaría y aprendería de manera versátil como nosotros, sigue siendo un horizonte todavía muy lejano. Dicho de otro modo, lo que hemos conseguido hasta ahora es dotar a las máquinas de destrezas especializadas, no de conciencia ni de entendimiento pleno.

Dentro de este gran paraguas de la IA hay un subconjunto que ha resultado especialmente poderoso: el aprendizaje automático*. Aquí la idea es simple y revolucionaria al mismo tiempo: en lugar de programar un conjunto rígido de reglas, dejamos que una máquina aprenda a partir de datos [16]. Se le muestran ejemplos, un entrenamiento, como quien prepara a un aprendiz en el laboratorio, y el sistema ajusta sus propios parámetros internos hasta encontrar patrones que luego puede aplicar a situaciones nuevas.

Figura 1.2

Relación jerárquica entre los principales niveles de la inteligencia artificial

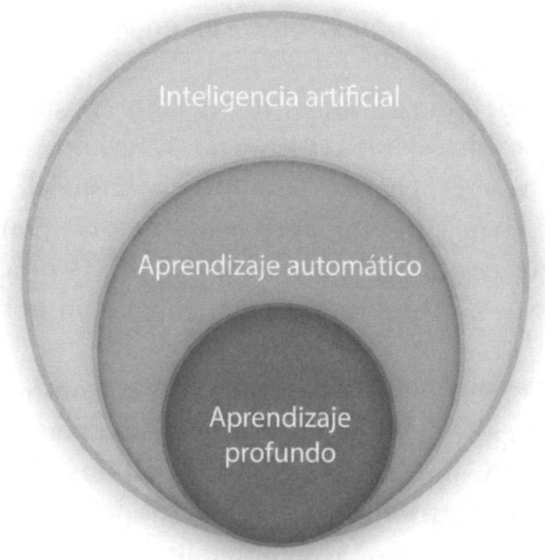

El aprendizaje automático constituye un subconjunto dentro de la IA, mientras que el aprendizaje profundo representa una rama específica del aprendizaje automático basada en redes neuronales con múltiples capas.

Es, en esencia, un cambio de mentalidad: ya no buscamos imponer desde fuera la solución exacta a un problema, sino que dejamos que el modelo "descubra" por sí mismo una solución aproximada, de naturaleza estadística. Para un físico, esta diferencia resulta familiar. La mayor parte de la física no consiste en resolver ecuaciones perfectamente limpias, sino en construir modelos efectivos que capturan lo esencial de un fenómeno, aunque dejen de lado infinidad de detalles secundarios. Exactamente lo mismo hace un algoritmo de aprendizaje: captura regularidades sin necesidad de conocer todas las piezas del rompecabezas.

El aprendizaje profundo*, o *deep learning*, lleva esta idea un paso más allá al utilizar redes neuronales artificiales con muchas capas de procesamiento, inspiradas de manera muy libre en la arquitectura del cerebro [17]. Estas redes son capaces de manejar volúmenes masivos de datos y extraer estructuras de una complejidad asombrosa. Y aquí la conexión con la física se vuelve todavía más estrecha: la manera en que una red neuronal organiza su "energía interna", cómo busca mínimos en un paisaje lleno de valles y montañas, recuerda a la forma en que un sistema físico busca su estado de equilibrio. No es casual que muchos de los algoritmos que usamos hoy se apoyen en metáforas físicas: descenso de gradiente*, pozos de energía y fluctuaciones térmicas son buenos ejemplos de ello.

Visto desde esta perspectiva, hablar de "inteligencia" en la IA no significa que las máquinas piensen como nosotros, sino que aplican estrategias que recuerdan a las que encontramos en la naturaleza: adaptarse a los datos, encontrar regularidades, aproximar soluciones sin necesidad de conocer cada detalle microscópico. Igual que la termodinámica puede describir el comportamiento de un gas sin seguir la trayectoria de cada molécula, el aprendizaje automático nos da predicciones fiables sin necesidad de una teoría completa de lo que está ocurriendo en el interior de la caja negra algorítmica. Y quizá ahí resida la parte más sugerente: en física llevamos siglos aceptando que los modelos son siempre aproximaciones parciales a la realidad. Ahora, con la IA, extendemos esa lógica a las máquinas, que aprenden a navegar el mundo de manera incompleta pero tremendamente eficaz.

1.4. ¿Por qué ahora?

Podría pensarse que la IA apareció de la nada, como un descubrimiento súbito que transformó de golpe nuestra manera de relacionarnos con la tecnología. Pero la realidad es otra: la IA es una vieja aspiración científica que ha tenido varias vidas. El término se acuñó en los años cincuenta, cuando John McCarthy y otros pioneros imaginaron máquinas capaces de razonar [18]. Poco después, en 1958, Frank Rosenblatt construyó el primer prototipo de red neuronal, el perceptrón*, que prometía aprender a partir de ejemplos [19]. Con el tiempo, sin embargo, las expectativas superaron a los resultados y la disciplina entró en lo que se llamó inviernos de la IA: periodos de entusiasmo frustrado y financiación menguante. Este vaivén se repitió al menos dos veces a lo largo del siglo XX [20].

Entonces, ¿qué ha cambiado para que hoy hablemos de la IA no como de un sueño, sino como de una realidad cotidiana? La diferencia está en la confluencia de tres revoluciones que se han producido casi en paralelo, retroalimentándose entre sí: la de los datos, la de los algoritmos y la de la computación. Cada una de ellas por separado habría supuesto un avance notable, pero juntas han creado un entorno fértil en el que la IA ha podido crecer con fuerza.

FIGURA 1.3

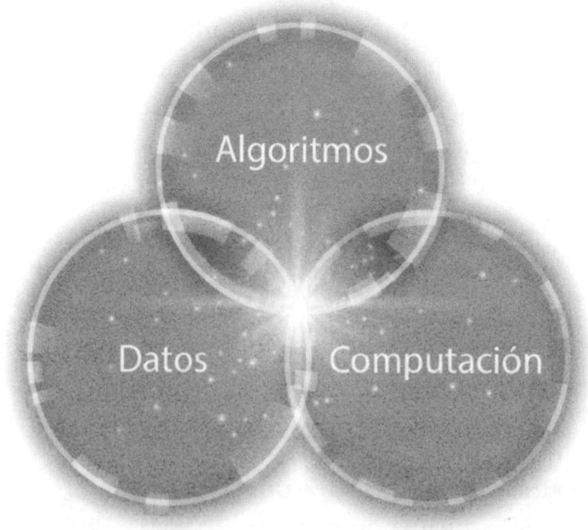

La confluencia de tres revoluciones ha hecho posible la IA moderna. La disponibilidad masiva de datos, el desarrollo de nuevos algoritmos de aprendizaje y la potencia creciente de la computación han transformado una vieja aspiración científica en una realidad tecnológica.

1.4.1. La revolución de los datos

Vivimos en una era de sensores y registros masivos. Cada interacción digital, cada telescopio que fotografía el universo, cada acelerador de partículas* que detecta choques subatómicos y cada secuenciador genético que descifra ADN generan torrentes de información. El volumen de datos disponible crece de manera exponencial y lo hace además en dominios muy diversos: desde imágenes médicas hasta simulaciones climáticas, desde redes sociales hasta experimentos de física cuántica. Para los algoritmos de aprendizaje automático, estos datos son como el combustible para un motor: sin ellos, no hay avance posible.

Figura 1.4
Rendimiento de modelos de IA vs. cantidad de datos

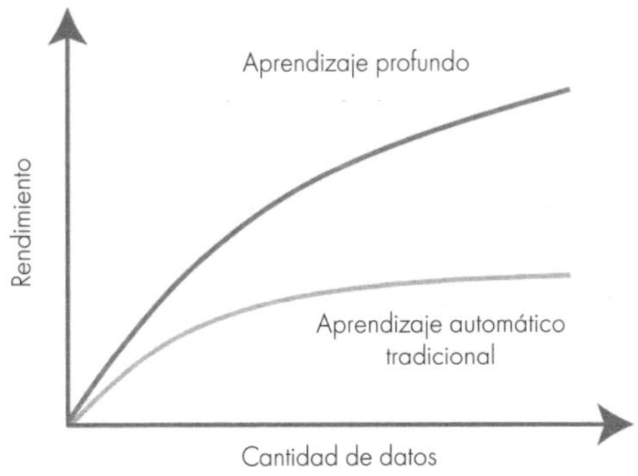

El rendimiento mide el grado de eficacia con el que un modelo de IA cumple la tarea asignada (con mayor precisión o menor error). Los métodos clásicos de aprendizaje automático saturan pronto con la cantidad de datos. Sin embargo, el aprendizaje profundo sigue mejorando a medida que la cantidad de datos aumenta.

1.4.2. La revolución de los algoritmos

Aunque muchas de las ideas del aprendizaje profundo datan de los años ochenta y noventa, cuando se esbozaron las primeras arquitecturas de redes neuronales multicapa para tareas de visión artificial, fue en la última década cuando se descubrieron formas efectivas de entrenarlas. Se desarrollaron nuevos métodos para que el aprendizaje fuera más rápido y estable, y para exprimir al máximo los grandes conjuntos de datos, resolviendo cuellos de botella que habían limitado a generaciones anteriores de investigadores [21]. Una red neuronal profunda tiene una característica única: cuanto más datos recibe, mejor funciona, en lugar de saturarse como ocurría con los enfoques anteriores. Esto explica por qué tareas antes imposibles, como reconocer objetos en una fotografía o traducir entre idiomas de manera fluida, hoy sean casi triviales para un sistema bien entrenado.

1.4.3. La revolución de la computación

El tercer ingrediente fue quizás el más inesperado. Durante mucho tiempo, entrenar una red neuronal grande era inviable: el coste de cálculo y tiempo era prohibitivo. El salto llegó cuando los investigadores empezaron a utilizar las llamadas unidades de procesamiento gráfico (*graphical processing units*, GPU)*, diseñadas originalmente para videojuegos, como aceleradores de los algoritmos de aprendizaje. En 2012, gracias a que se encontró la forma de programar estas tarjetas para el cálculo científico, fue posible entrenar en semanas redes que antes habrían requerido años de cómputo [22]. Desde entonces, la capacidad de cálculo ha crecido de manera exponencial: cada año, nuevas arquitecturas de GPU y otros chips diseñados específicamente para la IA multiplican la velocidad de entrenamiento y permiten explorar modelos cada vez más complejos.

Así, la suma de estos tres factores (datos, algoritmos y computación) marca la diferencia entre los intentos del pasado y la revolución actual. No es que los científicos de mediados del siglo XX carecieran de visión: ya habían puesto sobre la mesa las ideas fundamentales. Lo que faltaba eran las condiciones materiales para ponerlas a prueba de manera sistemática. El contraste es parecido al que vivió la física en otras épocas: Galileo pudo sentar las bases de la mecánica, pero sin telescopios modernos jamás habría visto las galaxias lejanas. Rutherford pudo intuir la estructura del átomo, pero sin aceleradores de partículas jamás se habría confirmado el "zoo subatómico". En IA, las ideas estaban ahí, esperando a que la tecnología alcanzara el umbral necesario.

La pregunta ya no es si la IA cambiará la ciencia, sino cómo lo está haciendo. La revolución actual va mucho más allá del análisis masivo de datos. Por primera vez, contamos con sistemas capaces de participar activamente en el proceso de descubrimiento: de interpretar, proponer y, en ciertos casos, imaginar. Durante siglos, el progreso científico se sostuvo sobre dos pilares: la teoría y el experimento. A mediados del siglo XX se añadió un tercero: la simulación. Hoy estamos asistiendo al nacimiento de un cuarto pilar del conocimiento científico: la inferencia algorítmica impulsada por la IA.

En su versión más clásica, la IA ha sido una herramienta para encontrar patrones en datos complejos. Pero lo realmente transformador es su evolución hacia modelos capaces de incorporar principios físicos, formular leyes simbólicas y generar nuevas hipótesis de investigación. Un ejemplo paradigmático son las llamadas redes neuronales informadas por física (*physics informed neural networks*, PINN)* [23]. Estos modelos no solo ajustan datos experimentales, sino que integran las leyes físicas directamente en su estructura matemática. En lugar de limitarse a "aprender correlaciones", respetan la conservación de la energía, la simetría de las ecuaciones de Maxwell o la dinámica de las ecuaciones de Navier-Stokes. Son redes que no solo predicen, sino que razonan dentro del marco de la física. En campos como la dinámica de fluidos o la transferencia de calor, las PINN ya se utilizan para resolver ecuaciones diferenciales en derivadas parciales con una eficiencia asombrosa. En cierto modo, devuelven a la IA una cualidad que la ciencia nunca debió perder: el respeto por la estructura del mundo real.

Otro avance igualmente fascinante es el descubrimiento automático de leyes simbólicas [24]. En lugar de entrenar un modelo que "aprende" sin darnos una fórmula explícita, la IA explora combinaciones matemáticas y encuentra expresiones que reproducen el comportamiento observado. Es el regreso de la intuición newtoniana, pero automatizada: máquinas que, a partir de datos, pueden redescubrir la segunda ley de Newton o la ley de Ohm, o incluso proponer relaciones nuevas entre variables que los humanos no habíamos considerado. Estos métodos de regresión simbólica*, impulsados por algoritmos evolutivos y modelos de lenguaje, apuntan a una ciencia que no solo predice, sino que explica con ecuaciones legibles.

La IA también está empezando a transformar la forma en que diseñamos y realizamos experimentos. En laboratorios de física de materiales, óptica o biología cuántica, los algoritmos actúan ya como asistentes experimentales, aprendiendo de cada resultado para decidir cuál debería ser el siguiente paso. Mediante enfoques de aprendizaje por refuerzo*, la máquina explora de manera inteligente el espacio experimental, optimizando la configuración de parámetros, reduciendo el ruido o acelerando la búsqueda de nuevos materiales con propiedades deseadas [25]. Este ciclo de aprendizaje continuo entre datos, predicción y acción cierra el círculo del método científico: la IA no solo analiza el mundo, también interviene en él.

Y, por supuesto, está el terreno más imaginativo de todos: el de la IA generativa. Lejos de limitarse a producir imágenes o texto, la IA generativa científica ya es capaz de crear estructuras moleculares plausibles, proponer cristales con configuraciones estables o sugerir arquitecturas ópticas innovadoras [26]. En lugar de recorrer ciegamente un espacio de posibilidades inmenso, los modelos generativos aprenden su geometría interna, guiados por principios de probabilidad y, cada vez más, por leyes físicas. Es como si la creatividad, esa facultad que asociábamos exclusivamente a la mente humana, empezara a tener su eco en los circuitos de silicio.

Todo esto redefine la relación entre humanos y máquinas en la práctica científica. La IA ya no es solo un instrumento de cálculo, sino un nuevo tipo de interlocutor intelectual. Propone modelos, detecta anomalías, cuestiona nuestros supuestos. Nos obliga a pensar de otro modo. No se trata de reemplazar la intuición del físico, sino de ampliarla, de empujarla más allá de sus límites naturales.

En este contexto, el papel del científico no desaparece, pero sí se transforma. Como ocurrió con la llegada de la calculadora o del ordenador, el reto no está en competir con la máquina, sino en saber preguntar mejor, interpretar sus respuestas y convertir la eficiencia algorítmica en comprensión. Lo que está en juego es un nuevo equilibrio entre la inteligencia humana, con su capacidad de abstraer, y la IA, con su potencia para explorar lo que antes era inaccesible.

Podría decirse que la ciencia está aprendiendo a pensar de manera colectiva, una inteligencia híbrida donde lo humano y lo artificial se entrelazan. Y quizás ahí radica la revolución más profunda: no solo en la velocidad con la que descubrimos, sino en la manera en que concebimos el propio acto de descubrir. Si la física del siglo XX nos enseñó que el observador forma parte del fenómeno observado, la ciencia del XXI podría enseñarnos que el conocimiento mismo puede ser cocreado entre mentes naturales y sintéticas. En esa colaboración, aún imperfecta, pero ya real, podría estar gestándose el siguiente salto en nuestra comprensión del universo.

Bibliografía

[1] Russell, S. J. y Norvig, P. (2021): *Artificial Intelligence: A Modern Approach* (4ª ed.), Upper Saddle River, Pearson.

[2] Rosen, W. (2010): *The Most Powerful Idea in the World: A Story of Steam, Industry, and Invention*, Nueva York, Random House.

[3] Larrañaga, P. *et al.* (2019): *Industrial Applications of Machine Learning*, Boca Ratón, CRC Press.

[4] Carleo, G. *et al.* (2019): "Machine learning and the physical sciences", *Reviews of Modern Physics*, 91, p. 045002.

[5] Rothman, J. (2023): "Why the godfather of A. I. fears what he's built", *The New Yorker*, https://n9.cl/b5qfp.

[6] The Nobel Committee for Physics (2024): Scientific background to the Nobel Prize in Physics 2024: "For foundational discoveries and inventions that enable machine learning with artificial neural networks", The Royal Swedish Academy of Sciences, https://n9.cl/1wfvn.

[7] Mayor, A. (2018): *Gods and Robots: Myths, Machines, and Ancient Dreams of Technology*, Princeton, Princeton University Press.

[8] Al-Jazarī, I. (1206/1974): *The Book of Knowledge of Ingenious Mechanical Devices* (traducción y notas de D. R. Hill), Dordrecht, Reidel.

[9] Needham, J. (1965): *Science and Civilisation in China* (vol. 4, parte 2: "Mechanical Engineering"), Cambridge, Cambridge University Press.

[10] Wood, G. (2002): *Living Dolls: A Magical History of the Quest for Mechanical Life*, Londres, Faber and Faber.

[11] Gleick, J. (2003): *Isaac Newton*, Nueva York, Pantheon Books.

[12] Turing, A. M. (1950): "Computing machinery and Intelligence", *Mind*, 59(236), pp. 433-460.

[13] Isaacson, W. (2007): *Einstein: His life and Universe*, Nueva York, Simon & Schuster.

[14] Metropolis, N. *et al*. (1953): "Equation of state calculations by fast computing machines", *The Journal of Chemical Physics*, 21(6), pp. 1087-1092.

[15] Gray, J. (2009): "The fourth paradigm: Data-intensive scientific Discovery", en T. Hey, S. Tansley y K. Tolle (eds.), *The Fourth Paradigm*, Redmond, Microsoft Research, pp. xvii xxiii.

[16] Bishop, C. M. (2006): *Pattern Recognition and Machine Learning*, Nueva York, Springer.

[17] Goodfellow, I.; Bengio, Y. y Courville, A. (2016): *Deep Learning*, Cambridge, MIT Press.

[18] McCarthy, J. *et al*. (1955): "A Proposal for the Dartmouth Summer Research Project on Artificial Intelligence", *AI Magazine*, 27(4).

[19] Sejnowski, T. J. (2018): *The Deep Learning Revolution*, Cambridge, MIT Press.

[20] Crevier, D. (1993): *AI: The Tumultuous History of the Search for Artificial Intelligence*, Nueva York, Basic Books.

[21] LeCun, Y.; Bengio, Y. y Hinton, G. (2015): "Deep learning", *Nature*, 521(7553), pp. 436-444.

[22] Krizhevsky, A.; Sutskever, I. y Hinton, G. E. (2012): "ImageNet Classification with Deep Convolutional Neural Networks", *Advances in Neural Information Processing Systems*, 25.

[23] Raissi, M.; Perdikaris, P. y Karniadakis, G. E. (2019): "Physics-informed neural networks: A deep learning framework for solving forward and inverse problems involving nonlinear partial differential equations", *Journal of Computational Physics*, 378, pp. 686-707.

[24] SCHMIDT, M. y LIPSON, H. (2009): “Distilling Free-Form Natural Laws from Experimental Data”, *Science*, 324(5923), pp. 81-85.
[25] SIVAK, V. V. *et al*. (2022): “Model-Free Quantum Control with Reinforcement Learning”, *Physical Review X*, 12(1), p. 011059.
[26] SÁNCHEZ-LENGELING, B. y ASPURU-GUZIK, A. (2018): “Inverse molecular design using machine learning: Generative models for new molecules and materials”, *Science*, 361(6400), pp. 360-365.

CAPÍTULO 2

De la física estadística a la IA generativa

2.1. Del ordenador que calcula a la máquina que crea

Desde los primeros dispositivos de computación, creados a mediados de los años cuarenta [1], hasta los potentes ordenadores portátiles que llevamos hoy en día en la mochila, los científicos siempre hemos concebido el ordenador como una máquina de cálculo puro. Un artefacto formidable para resolver ecuaciones diferenciales, integrar trayectorias, optimizar diseños y simular mundos posibles que no caben en un laboratorio [2]. Ese "ordenador calculista" ha sido uno de los grandes aliados de la ciencia: nos ha permitido estudiar con precisión la adsorción de moléculas sobre superficies catalíticas, seguir la distribución de materia en el universo desde las primeras luces del cosmos o anticipar el comportamiento de estructuras fotónicas complejas. No es magia, sino potencia aritmética: al principio millones, luego miles de millones y, en la actualidad, cantidades casi inabarcables de operaciones por segundo, encadenadas y ejecutadas con disciplina inagotable en un chip. El resultado ha sido una ciencia más poderosa y una capacidad inédita para explorar la naturaleza.

En muy poco tiempo, sin embargo, esa imagen ha empezado a mutar a tal velocidad que a veces no alcanzamos a percibir el cambio de paradigma. Los mismos dispositivos que hasta ayer resolvían sistemas de ecuaciones lineales hoy redactan textos coherentes, proponen configuraciones experimentales que no habríamos considerado *a priori* o generan imágenes verosímiles a partir de una instrucción breve. El salto no es cosmético: detrás de esa apariencia "creativa" hay un cambio de enfoque. Hemos pasado de pedir a la máquina que ejecute una secuencia cerrada de operaciones a enseñarle a aprender patrones a partir de ejemplos y, una vez aprendidos, a producir nuevas realizaciones que respetan esas regularidades. Donde antes veíamos cálculo determinista, ahora encontramos generación estadística.

FIGURA 2.1

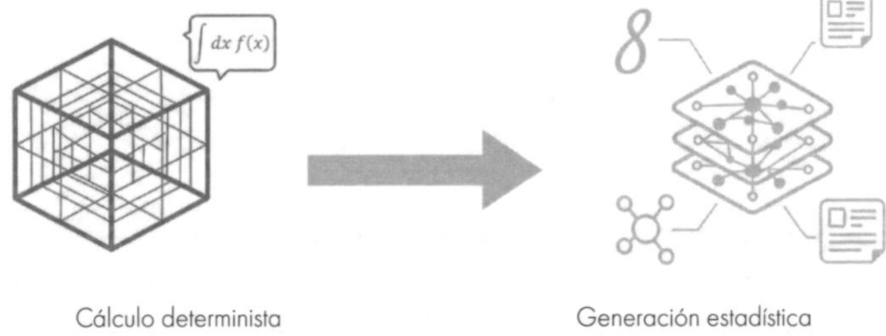

Del cálculo determinista a la generación estadística. De máquinas que siguen reglas fijas para resolver problemas pasamos a modelos que aprenden patrones a partir de muchos ejemplos. Con ese aprendizaje, son capaces de crear nuevas propuestas (imágenes, textos o diseños) que resultan verosímiles.

Conviene desdramatizarlo para entender bien de qué estamos hablando. Un modelo generativo* no "imagina" como lo hace un compositor o un artista. Lo que hace en realidad es aprender a partir de muchos ejemplos cuáles son las combinaciones que aparecen con más frecuencia: qué rasgos suelen tener los rostros, cómo se encadenan las palabras en una frase o qué patrones repiten ciertas moléculas. Después produce nuevas versiones que encajan con esos patrones [3]. De ahí que una red entrenada con dígitos manuscritos pueda proponer cifras que no son copias de las que ha visto, pero guardan su estilo. También que un modelo lingüístico sea capaz de continuar un párrafo con frases que suenan naturales. Y que, cada vez con más frecuencia, los científicos utilicemos esos mismos sistemas para proponer nuevas combinaciones de átomos o arquitecturas ópticas novedosas que resultan físicamente razonables.

Este nuevo papel del ordenador altera también nuestra relación con él en el trabajo de investigación. Ya no es solo un asistente diligente que resuelve más rápido lo que le pedimos: se ha convertido en un interlocutor que sugiere, completa y tantea alternativas. No sustituye a la intuición del investigador, pero la amplifica. No reemplaza al experimento, pero ayuda a decidir cuál merece hacerse primero.

Aun así, conviene mantener los pies en la tierra. El ordenador que "crea" no ha dejado de ser una máquina de cálculo: simplemente calcula de otra manera. En lugar de evaluar una única solución, considera muchas posibles soluciones a la vez y da más peso a las que parecen más probables. En lugar de avanzar por un camino fijo, explora alrededores, se deja guiar por la dirección en la que el resultado mejora más deprisa y acepta, a veces, pequeños rodeos que a la larga mejoran el resultado. Por eso su producción tiene ese aire de novedad reconocible: no inventa desde la nada, reorganiza con inteligencia estadística aquello que ha aprendido.

En las siguientes páginas daremos un paso más y pondremos nombre físico a estas intuiciones. Veremos que la forma en que una red neuronal aprende a generar se entiende con el mismo vocabulario con el que la naturaleza distribuye sus microestados: energía, entropía, temperatura y equilibrio. La física estadística, lejos de ser un telón de fondo histórico, es el hilo conductor que explica por qué el ordenador que ahora "crea" nos resulta tan útil para comprender y, cada vez más, para descubrir.

2.2. La intuición central: cuando la naturaleza 'genera' datos

Pensemos en algo cotidiano: el aire de una habitación. Contiene miles de trillones de moléculas moviéndose en todas direcciones, chocando entre sí constantemente. En cada momento, cada molécula tiene una posición y una velocidad. Si pudiéramos congelar el tiempo y tomar una fotografía microscópica, veríamos una configuración particular del gas. Pero el gas no se queda congelado. Las moléculas siguen moviéndose y un instante después la configuración es completamente diferente. Y un instante más tarde, otra distinta. El sistema no para de cambiar, explorando configuración tras configuración.

Aquí surge una pregunta clave: ¿son todas las configuraciones igual de probables? La respuesta es negativa. Algunas ocurren con frecuencia, otras casi nunca. Es como si el gas tuviera "preferencias". Este es precisamente el territorio de la física estadística [4]. Cuando tenemos sistemas con cantidades astronómicas de partículas, seguir cada una individualmente es imposible. Pero resulta que no necesitamos hacerlo. Lo que importa es la distribución de probabilidad*: saber qué configuraciones del conjunto son comunes y cuáles son raras. Es similar a una encuesta electoral: no preguntamos a cada ciudadano, con una muestra de la población podemos entender las tendencias del conjunto.

Para visualizar de dónde vienen estas probabilidades, imaginemos un paisaje de colinas y valles. Cada punto del paisaje representa una configuración posible del sistema, y la altura en ese punto representa su energía. Las configuraciones de baja energía están en los valles, las de alta energía, en las cumbres. Si solo importara la energía, el sistema simplemente rodaría hasta el valle más profundo y se quedaría allí para siempre. Pero no es así. Hay algo más en juego: el movimiento térmico. Los choques aleatorios entre partículas actúan como sacudidas que pueden hacer que el sistema salte de un lugar a otro del paisaje. A veces sube una ladera, a veces baja a un valle vecino.

El resultado es un equilibrio fascinante. El sistema prefiere los valles, pero no ignora las laderas ni las colinas bajas. Pasa la mayor parte del tiempo en configuraciones de baja energía, pero ocasionalmente visita estados de energía más alta. Esta exploración constante, guiada por la energía pero sacudida por el azar térmico, es lo que genera la distribución de probabilidad que caracteriza al sistema. En definitiva, la naturaleza no elige una única configuración óptima. Genera datos continuamente, muestreando configuraciones según sus probabilidades.

Y aquí viene el giro sorprendente: esta manera de entender los sistemas físicos se conecta profundamente con uno de los conceptos más potentes de la IA moderna: los modelos generativos. ¿Qué es un modelo generativo? A diferencia de los sistemas de IA que simplemente clasifican o etiquetan (¿es esta foto un gato o un perro?), un modelo generativo aprende qué formas son habituales dentro de un conjunto de ejemplos y puede proponer nuevas versiones que encajan con ese mismo estilo [5]. No memoriza casos individuales. En su lugar, captura la distribución subyacente de posibilidades.

Figura 2.2

Paisaje de energía: la naturaleza como 'modelo generativo'

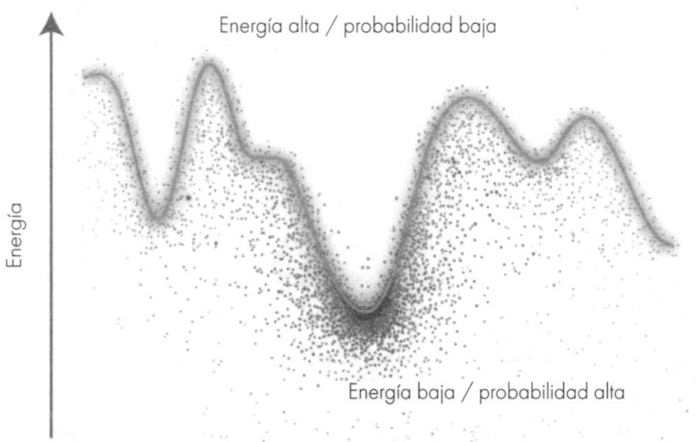

La curva representa la energía de un sistema físico. Los valles corresponden a estados de baja energía, donde se acumulan las partículas (puntos brillantes) y, por tanto, la probabilidad de encontrar el sistema allí es alta. Las cimas indican estados de alta energía, poco poblados y mucho menos probables. Esta regla sencilla, más probabilidad en los valles que en las cimas, está en la base estadística de los modelos de IA generativa.

Pensemos en un ejemplo concreto. Imaginemos un modelo entrenado con miles de fotografías de rostros humanos. El modelo no guarda cada foto en su memoria. En cambio, aprende patrones: qué distancia suele haber entre los ojos, qué formas de nariz son comunes, cómo se relaciona el contorno de la cara con la posición de las orejas. Aprende, en definitiva, la "distribución" de rostros humanos: qué configuraciones de píxeles corresponden a caras plausibles y cuáles no.

Una vez entrenado, cuando le pedimos que genere un rostro nuevo, el modelo no copia ninguna foto que haya visto. Muestrea de esa distribución aprendida. Elige características que encajan con lo que ha aprendido sobre rostros humanos, combinándolas de maneras nuevas pero verosímiles. El resultado es una cara que nunca ha existido, pero que podría existir perfectamente. Es sintética, pero convincente.

La similitud con la física estadística no es superficial. En ambos casos, el comportamiento del sistema está gobernado por una distribución de probabilidad. El gas en la habitación "muestrea" continuamente configuraciones de moléculas según las probabilidades dictadas por la física. El modelo generativo muestrea configuraciones de píxeles (o palabras, o notas musicales) según las probabilidades aprendidas de sus datos de entrenamiento. Incluso el papel de la temperatura tiene su eco en IA. En los modelos generativos modernos, existe un parámetro que controla exactamente el mismo tipo de equilibrio que veíamos en física: entre mantenerse en lo más probable (configuraciones "seguras" de baja energía) o explorar opciones más arriesgadas (configuraciones menos probables de energía más alta). Cuando este parámetro es bajo, el modelo genera salidas conservadoras y predecibles. Cuando es alto, se vuelve más creativo y arriesgado, a veces incluso extraño. Es el mismo dial conceptual que regula la exploración térmica en un sistema físico.

Visto así, la física estadística no solo nos ayuda a entender cómo se comporta el aire en una habitación. Nos proporciona el lenguaje fundamental para pensar sobre cualquier sistema que genere datos siguiendo patrones probabilísticos. Ya sean moléculas explorando configuraciones en el espacio, o algoritmos explorando configuraciones en el espacio de imágenes posibles, la intuición subyacente es la misma: existe una distribución de probabilidad, y el sistema la explora.

Pero esto nos lleva a una pregunta crucial: ¿cómo se traduce exactamente esta intuición física en algoritmos concretos de IA? ¿Cómo pasamos del aire en una habitación a un sistema que genera rostros o texto coherente? La respuesta es tan elegante como sorprendente y tiene sus raíces en una idea que mereció un Premio Nobel. Esa es la historia que exploraremos a continuación.

2.3. El modelo de Ising: de imanes a memoria asociativa

Las partículas cuánticas, como los electrones, poseen una propiedad intrínseca que llamamos espín. Es una propiedad sin equivalente perfecto en nuestra experiencia cotidiana, pero podemos construir una imagen útil: visualicemos el espín como una flecha diminuta asociada a cada partícula, una flecha que solo puede apuntar en dos direcciones, arriba o abajo. No es que la partícula esté literalmente rotando o que haya una flecha física, pero matemáticamente el espín se comporta como un pequeño imán que puede orientarse de dos maneras opuestas. Esta propiedad es fundamental para entender el magnetismo: un trozo de hierro se magnetiza cuando muchos de los espines de sus electrones se alinean en la misma dirección [6].

En 1920, el físico alemán Wilhelm Lenz planteó una pregunta fundamental sobre el magnetismo: ¿cómo modelar la interacción entre partículas magnéticas de la forma más simple posible? Su estudiante, Ernst Ising, tomó este problema y lo desarrolló en un modelo matemático elegante que se conoce hoy como modelo de Ising* [7]. Imaginemos una red de partículas, cada una con su espín. Cada espín interactúa con sus vecinos más cercanos en la red: si dos espines vecinos apuntan en la misma dirección, el sistema gana estabilidad y la energía disminuye. Si apuntan en direcciones opuestas, la energía aumenta.

A primera vista parece casi trivial. Solo tenemos flechitas que pueden estar arriba o abajo, y una regla que dice que prefieren alinearse con sus vecinas. Sin embargo, este modelo aparentemente ingenuo ha resultado ser uno de los más fértiles de toda la física. Describe con sorprendente precisión el comportamiento de materiales magnéticos reales. Pero su importancia va mucho más allá. El modelo de Ising se ha usado para estudiar sistemas tan diversos como la propagación de opiniones en redes sociales, el comportamiento de neuronas en el cerebro o incluso cómo se forman patrones en colonias de bacterias [8]. La razón de esta versatilidad es simple: muchos sistemas naturales se pueden describir como colecciones de elementos binarios que interactúan entre sí.

Ahora veamos cómo se comporta una red de espines de Ising. Cada configuración posible, cada patrón particular de flechas arriba y abajo, tiene asociada una energía. Cuando los espines están muy alineados, todos apuntando en la misma dirección, la energía es baja: es un valle profundo en nuestro paisaje. Cuando hay muchos espines apuntando en direcciones opuestas a sus vecinos, la energía es alta: estamos en una colina. Si dejamos el sistema evolucionar a una temperatura dada, los espines no se quedan congelados en una configuración. Van cambiando, explorando el espacio de posibilidades. Pero, como vimos en la sección anterior, pasan más tiempo en configuraciones de baja energía que en las de alta energía. La temperatura actúa como ese dial que ya conocemos: a temperaturas bajas, el sistema se "congela" en configuraciones muy ordenadas donde casi todos los espines apuntan en la misma dirección, y el material se magnetiza. A temperaturas altas, los espines saltan constantemente de un estado a otro, explorando configuraciones desordenadas, y el magnetismo desaparece.

Ahora viene el salto brillante. En 1982, el físico John Hopfield tuvo una intuición revolucionaria [9]. ¿Y si tomáramos este mismo esquema matemático, esta misma idea de elementos binarios que interactúan buscando configuraciones de baja energía, y lo usáramos no para describir imanes, sino para diseñar redes neuronales artificiales? La traducción es directa y elegante. En lugar de espines que pueden estar "arriba" o "abajo", tenemos neuronas artificiales* que pueden estar "activas" o "inactivas". En lugar de la energía física de un imán, definimos una función matemática que asigna una "energía" a cada patrón de actividad neuronal. Las conexiones entre neuronas juegan el papel de las interacciones entre espines: determinan qué configuraciones son estables y cuáles no.

Pero aquí viene la magia. En el modelo de Ising, la naturaleza elige las interacciones entre espines: vienen determinadas por las propiedades físicas del material. En una red neuronal de Hopfield, nosotros elegimos las conexiones. Y podemos elegirlas de manera que ciertos patrones específicos, patrones que queremos que la red "recuerde", correspondan a valles profundos en el paisaje de energía*.

Imaginemos un ejemplo concreto. Queremos que una red neuronal almacene tres dígitos escritos a mano: un 3, un 7 y un 9. Cada dígito es una imagen de 28 × 28 píxeles en blanco y negro. Eso nos da 784 píxeles y, por tanto, necesitamos 784 neuronas binarias: cada neurona representa un píxel, activa si es negro, inactiva si es blanco. Durante el entrenamiento, ajustamos las conexiones entre estas 784 neuronas siguiendo una fórmula que Hopfield derivó directamente del modelo de Ising. El objetivo es esculpir el paisaje de energía de manera que esos tres dígitos sean valles profundos.

Ahora le mostramos algo nuevo: un 7 parcialmente borrado, donde solo vemos la mitad superior. La red arranca con esa configuración incompleta. Luego dejamos que el sistema evolucione. Cada neurona mira a sus vecinas, calcula si debería activarse o desactivarse según las conexiones que tiene con ellas y actualiza su estado. Es exactamente el mismo proceso que en el modelo de Ising: cada espín mira a sus vecinos y decide si alinearse con ellos o no. Tras unas pocas iteraciones, algo notable ocurre. El patrón de actividad neuronal se ha estabilizado. Y lo que vemos es un 7 completo, nítido, casi idéntico al que almacenamos originalmente. La red ha "caído" en el valle más cercano. Ha completado el dígito borrado.

FIGURA 2.3

Del modelo de Ising a las redes de Hopfield: de espines a memoria artificial

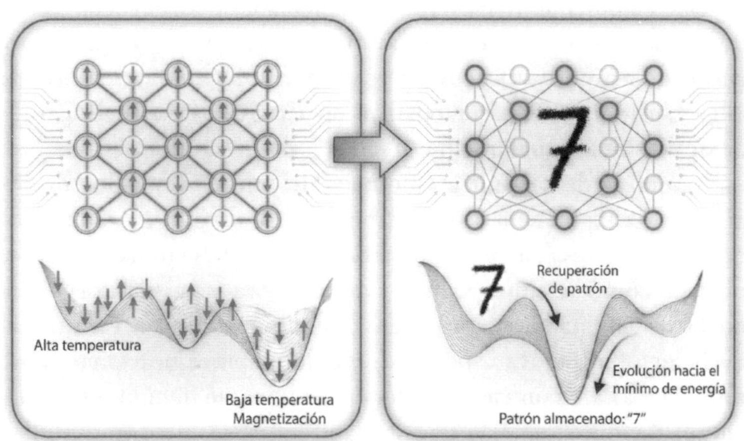

Izquierda: Una red de espines (flechas arriba/abajo) explora configuraciones según un paisaje de energía. A alta temperatura los espines cambian constantemente, a baja temperatura se alinean y el sistema se magnetiza. Derecha: Hopfield tradujo esta misma matemática a redes neuronales. Las neuronas (nodos) que representan píxeles se conectan entre sí formando un paisaje de energía donde los patrones deseados (como el 7 de la figura) son valles profundos. Presentando una versión parcial o ruidosa del patrón, la red evoluciona hacia el valle más cercano, recuperando el dígito completo. Los espines se convierten en neuronas, y el magnetismo, en memoria asociativa.

Esta es la red de Hopfield*: una memoria asociativa construida sobre la física del modelo de Ising [10]. No es solo una analogía. Es literalmente la misma matemática aplicada a un problema diferente. Los espines se convierten en neuronas. Las interacciones magnéticas se convierten en pesos sinápticos. El paisaje de energía de un material se convierte en el paisaje de energía de una red que almacena recuerdos. Pero la red de Hopfield, por poderosa que sea, tiene una limitación fundamental: solo recupera patrones que ya conoce. Si le mostramos algo ambiguo, caerá en el valle más cercano. No puede crear nada genuinamente nuevo. No puede generar.

2.4. Máquinas de Boltzmann: el nacimiento de la IA que genera

Las redes de Hopfield demostraron que la física del modelo de Ising podía construir memorias artificiales poderosas. Podían recuperar patrones completos a partir de fragmentos, completar información incompleta, reconocer patrones incluso con ruido. Pero tenían una limitación fundamental: solo podían recuperar lo que ya habían visto. Si le mostrábamos a la red un patrón ambiguo, caería determinísticamente en el valle más cercano, recuperando el recuerdo más similar. No había espacio para la novedad, para la creación, para la generación.

Aquí es donde entra Geoffrey Hinton. A mediados de los años ochenta, Hinton y sus colaboradores introdujeron una modificación crucial: añadieron ruido térmico al sistema, inspirándose en cómo se comportan los materiales a temperatura* finita en la física estadística [11]. Exactamente como en el modelo de Ising a temperatura finita, donde los espines ocasionalmente pueden "saltar" contra la tendencia a alinearse debido a fluctuaciones térmicas, en esta nueva arquitectura las neuronas podían activarse o desactivarse de manera probabilística, no determinística.

Esto dio lugar a las máquinas de Boltzmann, bautizadas en honor a Ludwig Boltzmann, uno de los fundadores de la física estadística [12]. El cambio puede parecer sutil: simplemente añadir algo de aleatoriedad a la dinámica. Pero las consecuencias son profundas. Con ruido térmico, la red ya no está condenada a caer en un único valle. Puede explorar el paisaje de energía. Puede visitar diferentes valles con probabilidades que dependen de sus energías relativas. Y eso significa que la red puede generar patrones genuinamente nuevos.

Pensemos en lo que esto implica. Supongamos que entrenamos una máquina de Boltzmann* con miles de imágenes de dígitos escritos a mano. Durante el entrenamiento, la red ajusta sus conexiones de manera que las configuraciones de píxeles que corresponden a dígitos reales sean valles en el paisaje de energía. Los 7 bien formados ocupan un valle, los 3 otro valle, los 9 otro más. Las configuraciones que no se parecen a ningún dígito, o que mezclan características de varios dígitos de forma incoherente, quedan en colinas de alta energía.

Una vez entrenada, podemos pedirle a la red que genere un dígito nuevo. Arrancamos con las neuronas en un estado completamente aleatorio: píxeles blancos y negros distribuidos al azar, sin ninguna estructura. Luego dejamos que el sistema explore su paisaje de energía a cierta temperatura. Las neuronas se actualizan probabilísticamente, mirando a sus vecinas y decidiendo si activarse o no según las conexiones aprendidas, pero con un componente aleatorio determinado por la temperatura. Con el tiempo, el sistema empezará a muestrear configuraciones que son típicas de los datos de entrenamiento.

Tras muchas iteraciones, lo que vemos en la pantalla es un dígito: tal vez un 7 o un 3 o un 9. Pero no es ninguno de los dígitos que usamos para entrenar la red. Es un dígito completamente nuevo, con su propia forma particular, sus propias idiosincrasias. Sin embargo, parece genuinamente escrito por una persona. La red no está copiando. Está generando según la distribución de probabilidad que aprendió de los datos. Ha capturado qué hace que un 7 sea un 7, no memorizando ejemplos específicos, sino interiorizando las regularidades estadísticas que caracterizan a los 7 en general.

Los espines se transforman en neuronas. Las neuronas se interpretan como píxeles. Y el modelo de Ising, diseñado originalmente para entender cómo trozos de hierro se magnetizan, se convierte en el motor de una red que genera imágenes nuevas. Es el nacimiento de la IA generativa tal como la conocemos hoy.

Las máquinas de Boltzmann, sin embargo, no escalaron bien para resolver problemas reales: eran computacionalmente muy costosas cuando se aplicaban a imágenes o datos de tamaño realista. Pero su legado es inmenso. La intuición profunda que cristalizaron ha permeado toda la historia posterior de la IA generativa. Muchas de las arquitecturas modernas que veremos en el próximo apartado llevan en su ADN esta misma lógica: aprender un paisaje de probabilidad y dejar que el sistema lo explore para generar datos nuevos.

La concesión del Premio Nobel de Física de 2024 a John Hopfield y Geoffrey Hinton reconoce precisamente esta contribución fundamental [13]. No solo inventaron algoritmos útiles. Demostraron que los conceptos de la física estadística, desarrollados para entender sistemas físicos complejos, son también el lenguaje natural para pensar sobre redes neuronales y generación de datos. De espines a píxeles, de imanes a memorias, de recuperación a generación: todo conectado por ideas que tienen ya un siglo de antigüedad y que siguen dando frutos hoy.

Pero la historia no termina aquí. Las limitaciones prácticas de las máquinas de Boltzmann abrieron la puerta a décadas de innovación. En el siguiente apartado veremos cómo investigadores de todo el mundo desarrollaron nuevas arquitecturas que, manteniéndose fieles a la intuición original, consiguieron finalmente hacerla escalable y práctica.

2.5. A hombros de gigantes: hacia la IA generativa moderna

Las máquinas de Boltzmann establecieron un principio fundamental: generar es aprender y muestrear una distribución de probabilidad. Esta intuición, heredada directamente de la física estadística, resultó ser extraordinariamente fértil. Durante las décadas siguientes, investigadores de todo el mundo desarrollaron nuevas arquitecturas que, aunque muy diferentes en sus implementaciones técnicas, conservan en su núcleo esta misma lógica. Es una historia de innovación constante que se construye sobre los mismos cimientos conceptuales. Utilizando la expresión atribuida a

Bernardo de Chartres, si hemos visto más lejos es porque estamos subidos sobre los hombros de gigantes [14].

Una de las primeras arquitecturas que ganó tracción fueron los denominados autocodificadores variacionales (*variational autoencoders*, VAE)*, propuestos por Kingma y Welling en 2014 [5]. La idea central es elegante. En lugar de trabajar directamente con el espacio de píxeles, que es enorme y difícil de explorar, el VAE aprende primero una representación comprimida de los datos. Un rostro de 256 × 256 píxeles vive en un espacio de dimensión muy grande. Pero los rostros reales ocupan una región mucho más pequeña, un "subespacio" dentro de ese universo enorme.

Figura 2.4

La arquitectura de la IA generativa moderna

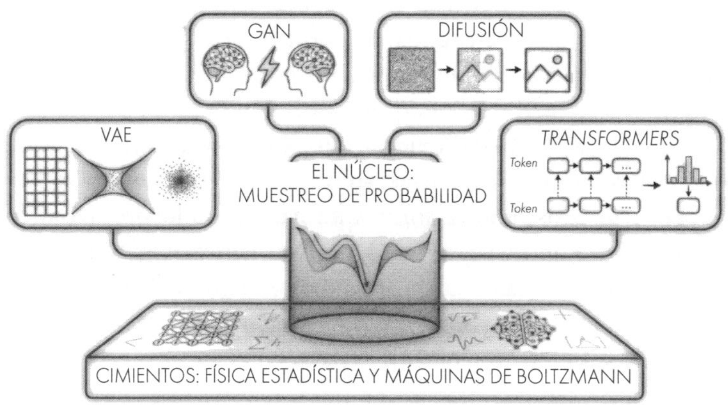

La física estadística (modelo de Ising y máquinas de Boltzmann) estableció los cimientos: generar es muestrear una distribución de probabilidad. Sobre estos fundamentos se construyeron las arquitecturas modernas: VAE que comprimen datos a espacios latentes, GAN que entrenan redes en competencia, modelos de difusión que revierten procesos de ruido y *transformers* que aplican estos principios a secuencias. Cada arquitectura aporta innovaciones técnicas, pero todas comparten la intuición original del paisaje de probabilidad que el sistema debe explorar.

Un VAE aprende a proyectar rostros a puntos en un espacio comprimido de, por ejemplo, solo 100 dimensiones, donde cada punto representa un rostro posible. Una vez aprendido este mapa, generar un rostro nuevo es sencillo: elegimos un punto al azar en ese espacio comprimido y lo descodificamos de nuevo en píxeles. La conexión con la física estadística persiste: el espacio comprimido tiene estructura probabilística, con regiones que corresponden a rostros comunes (valles) y regiones de rostros raros o imposibles (colinas).

Casi simultáneamente, el investigador Ian Goodfellow, considerado uno de los pioneros del aprendizaje profundo, propuso una idea radicalmente diferente: las redes generativas adversarias (*generative adversarial networks*, GAN)* [15]. En lugar de modelar explícitamente una distribución de probabilidad, las GAN entrenan dos redes en competencia. Una red, el generador, intenta crear imágenes falsas que parezcan reales. La otra red, el discriminador, intenta distinguir entre imágenes reales y falsas. El generador mejora intentando engañar al discriminador, mientras que el discriminador mejora intentando no dejarse engañar. Es un juego competitivo que, cuando alcanza equilibrio, resulta en un generador capaz de producir imágenes extraordinariamente realistas. Las GAN parecen alejarse del marco de la física estadística, no hablan explícitamente de energías ni distribuciones. Pero si miramos más de cerca, la conexión reaparece: en el equilibrio, el generador ha aprendido a muestrear la distribución de los datos reales. Es un camino distinto hacia el mismo destino.

Los modelos de difusión*, que han cobrado protagonismo en los últimos años, representan un retorno más explícito a las ideas de la física estadística [16]. Estos modelos se inspiran directamente en procesos físicos de difusión, como cuando una gota de tinta se difunde en agua. La idea es entrenar una red para revertir un proceso de difusión. Empezamos con una imagen real y le añadimos ruido gradualmente hasta que se convierte en ruido puro, un proceso que podemos pensar como "subir" por el paisaje de energía desde un valle hasta una meseta ruidosa. Luego entrenamos una red para hacer el proceso inverso: tomar ruido puro y limpiarlo paso a paso hasta obtener una imagen nítida. Generar una imagen nueva es simple: arrancamos con ruido aleatorio y dejamos que la red lo "limpie" siguiendo el proceso aprendido. Los modelos de difusión como DALL-E o Stable Diffusion han demostrado capacidades impresionantes, generando imágenes fotorrealistas a partir de descripciones de texto [17]. La conexión con la física estadística aquí es casi literal: el proceso de difusión es un proceso estocástico bien estudiado en física.

Finalmente, los llamados transformadores (*transformers*)* generativos, como GPT (*generative pre-trained transformer*)*, representan otro tipo de construcción sobre estos cimientos [18]. Aunque su arquitectura es muy diferente, diseñada específicamente para datos secuenciales como texto, la intuición fundamental persiste. Un modelo como GPT aprende la distribución de probabilidad de secuencias de palabras. Dado un contexto, puede predecir qué palabra viene después, no con certeza, sino con una distribución de probabilidad sobre el vocabulario. Generar texto es muestrear iterativamente esas distribuciones: elegimos una palabra según su probabilidad, la añadimos al contexto, calculamos la distribución para la siguiente palabra, y así sucesivamente.

Lo fascinante de este recorrido es que, aunque las arquitecturas son diversas y cada una aporta innovaciones técnicas importantes, todas comparten la intuición central heredada de las máquinas de Boltzmann y, más atrás en el tiempo, del modelo de Ising. Todas entienden la generación como el problema de aprendizaje y muestreo* de una distribución de probabilidad. Todas, de una forma u otra, construyen o navegan un paisaje de posibilidades donde algunas configuraciones son más probables que otras. La frase "a hombros de gigantes" que mencionábamos antes describe perfectamente esta historia. Cada arquitectura se construye sobre las lecciones de las anteriores, pero todas se apoyan sobre los hombros de Hopfield, Hinton, Boltzmann e Ising. Todas llevan en su ADN la intuición profunda que nació en la física de espines: que generar es explorar un paisaje de probabilidad.

Bibliografía

[1] McCartney, S. (1999): *ENIAC: The Triumphs and Tragedies of the World's First Computer*, Nueva York, Walker & Company.

[2] Humphreys, P. (2004): *Extending Ourselves: Computational Science, Empiricism, and Scientific Method*, Nueva York, Oxford University Press.

[3] Goodfellow, I.; Bengio, Y. y Courville, A. (2016): *Deep Learning*, Cambridge, MIT Press.

[4] PATHRIA, R. K. y BEALE, P. D. (2011): *Statistical Mechanics* (3ª ed.), Boston, Academic Press.

[5] KINGMA, D. P. y WELLING, M. (2014): "Auto-Encoding Variational Bayes", *Proceedings of the International Conference on Learning Representations (ICLR)*, Universidad de Ámsterdam.

[6] ASHCROFT, N. W. y MERMIN, N. D. (1976): *Solid State Physics*, Nueva York, Holt, Rinehart and Winston.

[7] ISING, E. (1925): "Beitrag zur Theorie des Ferromagnetismus", *Zeitschrift für Physik*, 31(1), pp. 253-258.

[8] MACY, M. W.; SZYMANSKI, B. K. y HOŁYST, J. A. (2024): "The Ising model celebrates a century of interdisciplinary contributions", *npj Complexity*, 1, p. 10.

[9] HOPFIELD, J. J. (1982): "Neural networks and physical systems with emergent collective computational abilities", *Proceedings of the National Academy of Sciences*, 79(8), pp. 2554-2558.

[10] — (1984): "Neurons with graded response have collective computational properties like those of two-state neurons", *Proceedings of the National Academy of Sciences*, 81(10), pp. 3088-3092.

[11] ACKLEY, D. H.; HINTON, G. E. y SEJNOWSKI, T. J. (1985): "A learning algorithm for Boltzmann machines", *Cognitive Science*, 9(1), pp. 147-169.

[12] HINTON, G. E. y SEJNOWSKI, T. J. (1986): "Learning and relearning in Boltzmann machines", en D. E. Rumelhart y J. L. McClelland (eds.), *Parallel Distributed Processing: Explorations in the Microstructure of Cognition, vol. 1, Foundations*, Cambridge, MIT Press, pp. 282-317.

[13] THE NOBEL COMMITTEE FOR PHYSICS (2024): "For foundational discoveries and inventions that enable machine learning with artificial neural networks", The Royal Swedish Academy of Sciences, https://n9.cl/1wfvn.

[14] MERTON, R. K. (1965): *On the Shoulders of Giants: A Shandean Postscript*, Nueva York, Free Press.

[15] GOODFELLOW, I. *et al.* (2014): "Generative adversarial nets", *Advances in Neural Information Processing Systems*, 27, pp. 2672-2680.

[16] HO, J.; JAIN, A. y ABBEEL, P. (2020): "Denoising diffusion probabilistic models", *Advances in Neural Information Processing Systems*, 33, pp. 6840-6851.

[17] RAMESH, A. *et al*. (2022): "Hierarchical text-conditional image generation with CLIP latents", *arXiv preprint*, arXiv: 2204.06125.
[18] VASWANI, A. *et al*. (2017): "Attention is all you need", *Advances in Neural Information Processing Systems*, 30, pp. 5998-6008.

CAPÍTULO 3

IA en el reino cuántico

3.1. El desafío de lo cuántico: por qué necesitamos IA

Si pensábamos que modelar el aire de una habitación era complicado, esperemos a adentrarnos en el mundo cuántico. Aquí las reglas del juego cambian de manera radical. Un electrón puede estar en varios lugares a la vez. Dos partículas separadas por años luz pueden mostrar correlaciones instantáneas que desafían nuestra intuición clásica. Y medir un sistema cuántico inevitablemente lo altera [1]. Bienvenidos al reino donde la intuición clásica naufraga y donde, paradójicamente, la IA está empezando a convertirse en nuestra mejor brújula.

La física cuántica describe el comportamiento de la naturaleza a escalas diminutas: átomos, electrones, fotones. A esas escalas, las partículas ya no se comportan como bolitas que rebotan siguiendo trayectorias bien definidas, sino como ondas de probabilidad que exploran simultáneamente múltiples posibilidades. Esta superposición cuántica* es la base de fenómenos fascinantes como la superconductividad*, el magnetismo cuántico o la computación cuántica [2].

Pero hay un problema. Describir matemáticamente un sistema cuántico requiere especificar su función de onda*, un objeto que contiene toda la información sobre las probabilidades de encontrar el sistema en cada configuración posible. Y aquí viene el desafío brutal: la complejidad de esta función de onda crece exponencialmente con el número de partículas.

Pensemos en un ejemplo concreto. Imaginemos que queremos describir el estado cuántico de un sistema de espines, similar al modelo de Ising que vimos en el capítulo anterior, pero ahora en versión cuántica. Cada espín puede estar "arriba", "abajo" o en una superposición cuántica de ambos estados. Para un solo espín cuántico* necesitamos dos números complejos para describir su estado. Para dos espines necesitamos cuatro números. Para tres espines, ocho números. El patrón es implacable: para n espines cuánticos necesitamos 2^n números complejos.

¿Qué significa esto en la práctica? Para describir completamente el estado cuántico de apenas 300 espines, necesitaríamos más números que átomos hay en el universo observable. Es literalmente imposible escribir esa función de onda en ningún ordenador existente, ni siquiera si usáramos toda la materia del cosmos para construir memoria de almacenamiento. Este crecimiento exponencial, conocido como la maldición de la dimensionalidad*, ha sido durante décadas el gran obstáculo para simular y entender sistemas cuánticos de muchos cuerpos [3].

Los físicos teóricos han desarrollado técnicas ingeniosas para sortear este problema. Una de las más exitosas es el método de Monte Carlo cuántico*, que en lugar de describir el sistema completo, muestrea configuraciones importantes siguiendo reglas probabilísticas, de forma parecida a como las máquinas de Boltzmann exploran paisajes de energía [4]. Otra técnica poderosa son las redes tensoriales*, que se valen del hecho de que muchos estados cuánticos relevantes tienen una estructura interna que permite representarlos de forma más compacta [5].

Pero incluso con estas herramientas, hay límites. Hay problemas cuánticos que simplemente no podemos resolver con métodos tradicionales. Y aquí es donde entra la IA con una propuesta radical: ¿y si en lugar de intentar resolver las ecuaciones de la mecánica cuántica de manera exacta enseñamos a una red neuronal a obtener soluciones aproximadas?

La idea puede parecer temeraria. ¿Cómo va una red neuronal, entrenada con datos, a capturar la esencia de un sistema cuántico gobernado por ecuaciones que ni siquiera podemos resolver? Pero resulta que las redes neuronales tienen una propiedad notable: pueden aproximar funciones extremadamente complicadas usando relativamente pocos parámetros, siempre que esas funciones tengan cierta estructura subyacente. Y resulta que muchos estados cuánticos de interés físico sí tienen estructura: están organizados en fases, tienen simetrías, exhiben correlaciones de largo alcance.

FIGURA 3.1

De la complejidad cuántica a la comprensión mediante IA

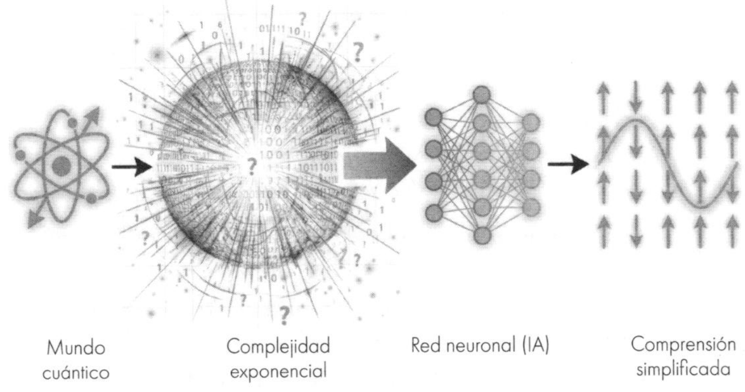

La complejidad de los sistemas cuánticos crece exponencialmente con su tamaño, volviéndose rápidamente inmanejables para los métodos computacionales clásicos. Las redes neuronales, sin embargo, pueden aprender a identificar la estructura subyacente en estos datos, creando una representación simplificada y comprensible del sistema.

En los últimos años, esta intuición ha cristalizado en toda una familia de técnicas que usan redes neuronales para representar funciones de onda cuánticas. En lugar de almacenar los 2^n números necesarios para describir el sistema completo, entrenamos una red neuronal con unos "pocos" miles o millones de parámetros para predecir las propiedades del estado cuántico [6]. Es una aproximación, desde luego, pero en muchos casos resulta ser extraordinariamente precisa.

Lo fascinante es que esta conexión entre redes neuronales y física cuántica no es solo una analogía útil. Como vimos en el capítulo anterior, las redes de Hopfield y las máquinas de Boltzmann nacieron inspiradas en la física estadística. Ahora, ese mismo lenguaje se está extendiendo al régimen cuántico. Las funciones de onda se convierten en distribuciones de probabilidad complejas. Los paisajes de energía clásicos se transforman en superficies de energía cuántica. Y el aprendizaje automático se convierte en una herramienta para navegar en espacios de una dimensionalidad descomunal que ningún método clásico puede explorar.

En los próximos apartados veremos cómo esta alianza entre IA y física cuántica está transformando nuestra capacidad para entender, medir y controlar el mundo cuántico. Desde reconstruir estados cuánticos a partir de mediciones incompletas hasta descubrir nuevas fases de la materia* o diseñar experimentos cuánticos óptimos, la IA se está convirtiendo en el microscopio del siglo XXI para explorar el reino cuántico.

3.2. Aprendiendo a 'ver' estados cuánticos

Imaginemos que queremos saber exactamente en qué estado se encuentra un sistema cuántico. Podría pensarse que basta con medirlo y listo. Pero aquí topamos con uno de los principios más frustrantes y fascinantes de la mecánica cuántica: el acto de medir destruye la información que queremos obtener. Es como intentar tocar una pompa de jabón para ver de qué está hecha: al menor roce, desaparece.

Este problema no es solo filosófico, es práctico. Si estamos construyendo un ordenador cuántico*, necesitamos saber en qué estado están nuestros *qubits** o bits cuánticos para verificar que los cálculos se están realizando correctamente. Si estudiamos un nuevo material cuántico, queremos determinar su función de onda para entender sus propiedades. Si diseñamos un experimento de física fundamental, necesitamos caracterizar los estados cuánticos que producimos. Pero cada medición nos da solo un fragmento diminuto de información y además es probabilística e irreversible [7].

La técnica estándar para abordar este problema se denomina tomografía de estado cuántico*, en analogía con la tomografía médica que reconstruye imágenes tridimensionales del cuerpo a partir de múltiples proyecciones de rayos X [8]. En tomografía cuántica, preparamos muchas copias idénticas del estado que queremos caracterizar y realizamos diferentes tipos de mediciones sobre ellas. Cada medición nos da un resultado aleatorio, pero al repetir el proceso muchas veces, podemos estimar probabilidades. Combinando información de muchas mediciones diferentes, en principio podemos reconstruir el estado cuántico completo.

El problema es la escala. Para un sistema de *n qubits*, el número de mediciones necesarias crece exponencialmente: aproximadamente 4^n mediciones diferentes. Para caracterizar completamente el estado de apenas 10 *qubits* mediante tomografía estándar, necesitaríamos realizar más de un millón de mediciones distintas, cada una repetida cientos o miles de veces para obtener estadísticas fiables. Para 20 *qubits*, el número de mediciones requeridas supera el billón. Es prácticamente inviable.

FIGURA 3.2

Aprendiendo a 'ver' el estado cuántico

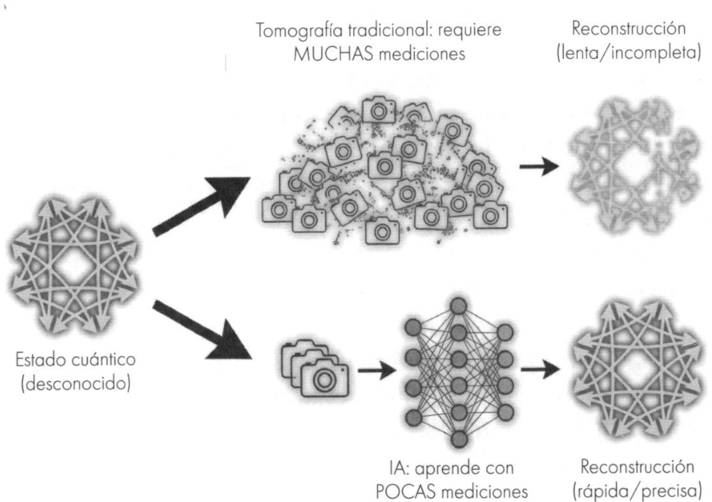

La tomografía cuántica tradicional (arriba) intenta reconstruir un estado desconocido mediante fuerza bruta, requiriendo una cantidad masiva de mediciones que a menudo resulta en una imagen incompleta para sistemas complejos. El enfoque basado en IA (abajo) utiliza redes neuronales para identificar patrones y correlaciones en los datos, logrando una reconstrucción rápida y precisa del estado original con un número de mediciones significativamente menor.

Aquí es donde la IA ofrece una vía de escape sorprendente. La idea central es que, aunque el espacio completo de estados cuánticos posibles es enorme, los estados que realmente aparecen en la naturaleza o en experimentos controlados ocupan típicamente una región mucho más pequeña de ese espacio. Tienen estructura. Están correlacionados de maneras específicas. Y esa estructura puede ser aprendida [9].

Las redes neuronales resultan ser particularmente buenas en esta tarea. En lugar de intentar reconstruir el estado cuántico completo describiendo cada uno de sus componentes, entrenamos una red neuronal para que aprenda a predecir los resultados de mediciones. Le mostramos ejemplos: "cuando mido este observable, obtengo este resultado con esta probabilidad". La red ajusta sus pesos sinápticos para capturar esos patrones. Y una vez entrenada, puede predecir resultados de mediciones que nunca ha visto.

Un enfoque particularmente elegante usa máquinas de Boltzmann restringidas, una arquitectura que ya encontramos en el capítulo anterior. La idea es representar la función de onda cuántica como si fuera una distribución de probabilidad clásica que la máquina de Boltzmann puede aprender. Los *qubits* del sistema cuántico se proyectan a neuronas visibles y se añaden neuronas ocultas que capturan correlaciones complejas. Entrenando esta red con datos de mediciones, podemos aprender una representación compacta del estado cuántico que captura sus propiedades esenciales sin necesidad de describirlo componente por componente.

Los resultados experimentales han sido impresionantes. En sistemas de varios *qubits*, donde la tomografía estándar resulta inviable, las redes neuronales han demostrado su eficacia experimentalmente: en sistemas de resonancia magnética nuclear con 4 *qubits* [10] y en simuladores de átomos de Rydberg con hasta 9 átomos [11], logrando reconstrucciones de alta fidelidad con muchas menos mediciones que los métodos tradicionales.

Lo fascinante es que la red no solo comprime la información: también revela estructura. Al analizar los pesos que la red ha aprendido, los físicos podemos identificar qué tipos de correlaciones cuánticas dominan en el sistema. Las neuronas ocultas capturan patrones de entrelazamiento, simetrías y otras propiedades cuánticas que no son directamente observables pero que determinan el comportamiento del sistema.

Esta capacidad de aprender representaciones eficientes de estados cuánticos ha abierto puertas que parecían cerradas. Ahora podemos caracterizar sistemas cuánticos más grandes y complejos de lo que era posible hace apenas una década. Podemos verificar el funcionamiento de ordenadores cuánticos de decenas de *qubits*. Podemos estudiar estados exóticos de la materia en laboratorios de física de la materia condensada.

Pero quizás lo más fascinante es que este enfoque nos está enseñando algo profundo sobre la naturaleza de la información cuántica. Durante décadas, los físicos hemos asumido que describir un sistema cuántico requería inevitablemente recursos exponenciales. Las redes neuronales están demostrando que para los estados que importan físicamente existe una estructura oculta que permite representaciones mucho más económicas [12]. No sabemos aún hasta dónde llega esta compresibilidad ni qué nos dice sobre las leyes fundamentales de la mecánica cuántica. Pero estamos empezando a vislumbrar que el mundo cuántico, por complejo que parezca, tiene una arquitectura interna que la IA puede ayudarnos a descifrar.

3.3. Descubriendo fases cuánticas con IA

Cuando calentamos hielo, se convierte en agua. Cuando calentamos agua, se transforma en vapor. Estas transiciones de fase son parte de nuestra experiencia cotidiana: cambios abruptos en las propiedades de un material cuando variamos condiciones externas como la temperatura o la presión. Pero en el mundo cuántico, las transiciones de fase pueden ocurrir incluso a temperatura cero, impulsadas puramente por efectos cuánticos [13]. Y muchas de estas fases cuánticas exóticas son tan sutiles que durante décadas han pasado desapercibidas.

El problema es que identificar fases cuánticas no es trivial. En las transiciones clásicas, como hielo a agua, hay señales claras: cambia la densidad, la estructura cristalina, las propiedades ópticas. Pero en transiciones cuánticas, especialmente las más exóticas, las señales pueden ser extremadamente sutiles. A veces no hay cambio de simetría observable. A veces las correlaciones importantes son de largo alcance y no locales. A veces simplemente no sabemos qué medir para distinguir una fase de otra.

Tradicionalmente, los físicos hemos abordado este problema buscando los denominados parámetros de orden: cantidades que cambian de manera característica en una transición de fase*. En la transición líquido-gas, por ejemplo, la densidad sirve como parámetro de orden*. En la transición ferromagnética que describíamos con el modelo de Ising, la magnetización total juega ese papel. Pero para fases cuánticas topológicas o estados exóticos de la materia no siempre existe un parámetro de orden obvio, o puede ser una cantidad tan complicada que requiere conocimiento teórico previo detallado del sistema [14]. Aquí es donde la IA, y en particular el aprendizaje no supervisado*, ha demostrado ser revolucionario. La idea es simple: en lugar de decirle al algoritmo qué buscar, le damos datos del sistema en diferentes condiciones y dejamos que él mismo descubra patrones y distinga fases.

Figura 3.3

IA y transiciones cuánticas de fase

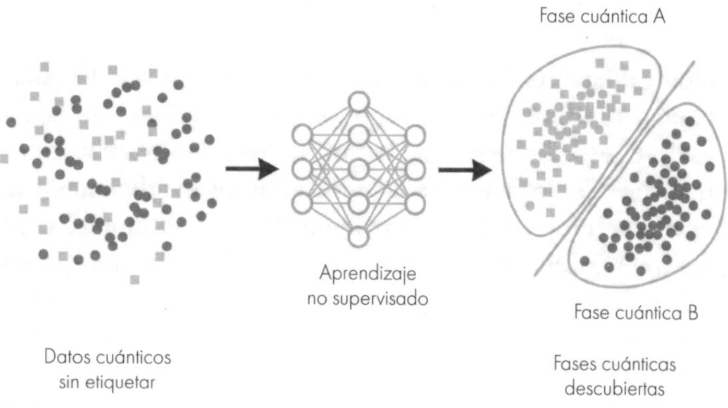

El proceso parte de una nube de configuraciones cuánticas (izquierda) sin etiquetar, donde desconocemos *a priori* la fase de cada estado. El algoritmo de aprendizaje no supervisado analiza la estructura interna de estos datos y los agrupa por similitud. El resultado (derecha) es la identificación automática de las distintas fases y de la frontera que las separa, revelando un orden oculto que a menudo pasa desapercibido con los métodos tradicionales.

Pensemos en un ejemplo concreto. Supongamos que tenemos simulaciones o datos experimentales de un sistema cuántico de espines a diferentes temperaturas y campos magnéticos. Cada configuración del sistema es un punto en un espacio de muy alta dimensión: para *n* espines, cada configuración es un vector con *n* componentes. Tenemos miles o millones de estas configuraciones, pero no sabemos *a priori* cuántas fases diferentes existen ni dónde están las fronteras entre ellas. Un algoritmo de aprendizaje no supervisado, como K-means o análisis de componentes principales, puede buscar estructura en estos datos. Agrupa configuraciones similares, identifica direcciones en el espacio de datos donde la variabilidad es mayor, encuentra regiones claramente separadas. Y resulta que, en muchos casos, estos grupos corresponden exactamente a diferentes fases cuánticas [15].

Los resultados han sido sorprendentes. En 2017, Carrasquilla y Melko demostraron como redes neuronales convolucionales, del tipo usado en reconocimiento de imágenes, pueden identificar transiciones de fase en el modelo de Ising simplemente mirando configuraciones de espines como si fueran fotografías [16]. La red, sin saber nada de física, aprendió por sí sola a distinguir la fase ordenada (ferromagnética) de la fase desordenada (paramagnética). Más aún, logró localizar con precisión la temperatura crítica de la transición. Pero lo verdaderamente notable vino después. Los investigadores comenzaron a aplicar estas técnicas a sistemas cuánticos mucho más complejos, donde no existían parámetros de orden conocidos. Y en varios casos, los algoritmos identificaron transiciones de fase que habían pasado desapercibidas en análisis tradicionales. En algunos casos, incluso sugirieron nuevos parámetros de orden que los físicos no habíamos considerado.

Un ejemplo particularmente elegante viene del estudio de aislantes topológicos cuánticos, materiales exóticos que son aislantes en su interior pero conducen electricidad en su superficie [17]. La transición entre una fase topológica* y una trivial es notoriamente difícil de detectar porque no hay ruptura de simetría visible. Sin embargo, redes neuronales entrenadas con configuraciones de estos sistemas lograron no solo identificar la transición, sino también extraer cantidades que caracterizan la fase topológica de manera automática.

Otro enfoque fascinante usa autocodificadores*, que, como hemos comentado en capítulos anteriores, son redes neuronales que aprenden a comprimir datos y luego reconstruirlos. La idea es que la representación comprimida que aprende el autocodificador captura las características esenciales de los datos. Al analizar cómo cambia esta representación cuando variamos parámetros del sistema, podemos identificar transiciones de fase: son puntos donde la estructura de la representación cambia abruptamente [18]. Lo notable de estos métodos es que son fundamentalmente exploratorios. No requieren conocimiento previo de qué fases existen. No necesitan que les digamos qué medir. Simplemente observan datos y extraen estructura. Es como tener un asistente que mira tus experimentos o simulaciones y te dice: "Aquí está pasando algo interesante. Aquí el sistema cambia cualitativamente".

Por supuesto, estos métodos no son mágicos. No reemplazan la comprensión física profunda. Una red neuronal puede decirnos que detecta dos fases distintas, pero no nos dirá por qué existen esas fases ni cuál es el mecanismo físico responsable. Para eso seguimos necesitando física teórica, intuición y un análisis detallado con herramientas tradicionales. Pero lo que sí hacen estos métodos es amplificar enormemente nuestra capacidad de exploración. Podemos aplicarlos a simulaciones de sistemas que no entendemos completamente y pueden señalarnos hacia fenómenos interesantes que merecen estudio más profundo. Pueden ayudarnos a construir diagramas de fase de sistemas complejos de manera sistemática. Y pueden servir como herramientas de diagnóstico en experimentos, identificando en tiempo real cuándo un sistema ha entrado en una nueva fase.

En los últimos años, esta fusión de IA y física cuántica ha dado lugar a una nueva forma de hacer ciencia. Ya no se trata solo de formular teorías y contrastarlas con experimentos. Ahora podemos dejar que los algoritmos exploren el espacio de posibilidades, identifiquen patrones que no habríamos notado y nos guíen hacia preguntas que no sabíamos formular. Es una colaboración donde la inteligencia humana aporta comprensión física y la IA aporta capacidad de procesamiento y detección de patrones a escalas no accesibles para los humanos.

3.4. Diseñando experimentos cuánticos con IA

Realizar un experimento cuántico es un arte delicado. Hay que preparar el sistema en un estado inicial preciso, aplicar secuencias de pulsos electromagnéticos o láseres con temporización exacta y medir los resultados sin destruir prematuramente la coherencia cuántica*. Cada paso debe optimizarse meticulosamente, y el espacio de posibles protocolos experimentales es inmenso. Durante décadas, diseñar estos experimentos ha dependido casi exclusivamente de la intuición física y el ensayo y error laborioso.

Pero los sistemas cuánticos son extremadamente sensibles. Un pulso ligeramente desincronizado, una intensidad no del todo óptima o una secuencia de operaciones en el orden incorrecto pueden arruinar completamente un experimento. Y cuando trabajamos con ordenadores cuánticos o simuladores cuánticos de muchos *qubits*, el número de parámetros que debemos ajustar puede ser abrumador. Aquí es donde la IA está emergiendo como un colaborador insospechado en el laboratorio [19].

El problema del control cuántico óptimo* es un caso paradigmático. Imaginemos que queremos llevar un sistema cuántico desde un estado inicial conocido hasta un estado final deseado. Podemos aplicar campos magnéticos variables en el tiempo, pulsos láser con diferentes frecuencias e intensidades o secuencias de operaciones en un ordenador cuántico. ¿Cuál es la mejor estrategia? ¿La más rápida? ¿La más robusta frente a errores?

Tradicionalmente, este problema se aborda mediante el cálculo variacional y teoría de control óptimo, técnicas matemáticas sofisticadas pero que requieren conocer muy bien el sistema y que a menudo solo encuentran soluciones localmente óptimas. Los algoritmos de aprendizaje por refuerzo ofrecen una alternativa radicalmente diferente: dejar que un agente artificial explore el espacio de protocolos, aprenda qué funciona y qué no, y converja gradualmente hacia estrategias óptimas [20]. El esquema es similar al que se usa para entrenar agentes que juegan ajedrez o al Go. El agente (en este caso, el controlador del experimento cuántico) observa el estado del sistema, elige una acción (aplicar cierto pulso o campo) y recibe una recompensa que mide cómo de cerca está del objetivo. Mediante miles o millones de intentos virtuales en simulaciones, el agente aprende una política: una estrategia que le dice qué hacer en cada situación para maximizar la probabilidad de éxito.

Los resultados han sido notables. En experimentos de óptica cuántica, algoritmos de aprendizaje por refuerzo han diseñado secuencias de pulsos que preparan estados cuánticos con mayor fidelidad que los protocolos diseñados manualmente por expertos [21]. En control de *qubits* superconductores, han encontrado secuencias de operaciones que reducen errores y aumentan la coherencia [22]. Y en algunos casos, las soluciones que encuentran son contraintuitivas, aprovechando sutilezas del sistema que los físicos humanos no habían considerado. La máquina no "entiende" la mecánica cuántica en ningún sentido profundo, pero su exploración sistemática del espacio de posibilidades le permite descubrir estrategias que escapan a nuestra intuición entrenada en el mundo clásico.

FIGURA 3.4

Ciclo básico de aprendizaje por refuerzo aplicado al control cuántico

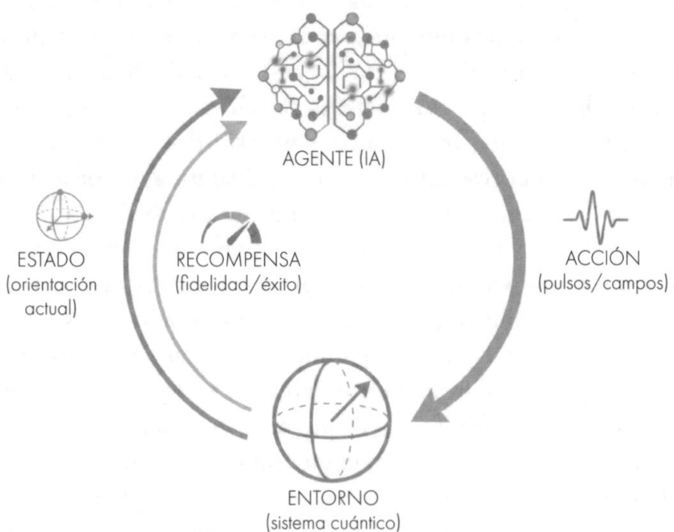

Un agente de inteligencia artificial aprende a optimizar un experimento interactuando con un entorno (el sistema cuántico). En cada paso, el agente observa el estado del sistema, elige una acción (por ejemplo, una secuencia de pulsos electromagnéticos) y recibe una recompensa que cuantifica el éxito de la operación (como la fidelidad del estado final). A través de este proceso iterativo de prueba y error, el agente refina su política para maximizar la recompensa acumulada.

Otro frente donde la IA está transformando el diseño experimental es en la optimización* de secuencias de mediciones. Como vimos en el apartado anterior, caracterizar un estado cuántico requiere realizar múltiples mediciones. Pero ¿cuáles?, ¿en qué orden?, ¿con qué frecuencia? Resulta que no todas las mediciones son igualmente informativas y diseñar una estrategia de medición óptima es un problema de optimización complejo. Algoritmos de aprendizaje automático pueden guiar este proceso de manera adaptativa: basándose en los resultados obtenidos hasta el momento, deciden cuál es la próxima medición más informativa. Esta idea de diseño experimental adaptativo es poderosa. En lugar de fijar todo el protocolo experimental de antemano, permitimos que el experimento evolucione en tiempo real, guiado por un algoritmo que aprende sobre el sistema conforme avanza. Es como tener un experimentador inteligente que ajusta su estrategia basándose en lo que va observando.

Pero quizás lo más emocionante es el potencial de estos métodos para descubrir nuevos tipos de experimentos. Cuando dejamos que un algoritmo explore libremente el espacio de posibilidades, sin restricciones impuestas por nuestras intuiciones previas, puede encontrar soluciones que nunca habríamos imaginado. Un ejemplo particularmente inspirador viene del grupo de Anton Zeilinger en Viena. En 2016, desarrollaron MELVIN, un algoritmo que diseña automáticamente configuraciones de experimentos de óptica cuántica [23]. El algoritmo exploraba diferentes combinaciones de espejos, divisores de haz, hologramas y otros elementos ópticos para generar estados cuánticos entrelazados complejos. No solo encontró soluciones funcionales, sino que descubrió configuraciones profundamente contraintuitivas que los investigadores no habían concebido. Los propios autores reconocieron que algunas de las soluciones eran difíciles de entender incluso para ellos. El algoritmo había "inventado" experimentos cuánticos, combinando técnicas de maneras inesperadas y aprovechando fenómenos que los físicos consideraban secundarios.

Esto no significa que los físicos experimentales vayan a ser reemplazados por algoritmos. Al contrario, lo que está emergiendo es una nueva forma de colaboración. El físico aporta el conocimiento profundo del sistema, la intuición sobre qué es físicamente posible, y la creatividad para plantear problemas interesantes. El algoritmo aporta la capacidad de explorar sistemáticamente espacios de alta dimensión, optimizar miles de parámetros simultáneamente y encontrar soluciones que escapan a la intuición humana.

En el futuro cercano, es probable que veamos laboratorios donde los experimentos cuánticos sean codiseñados por humanos y máquinas. Donde el científico especifique el objetivo (preparar este estado, medir esta propiedad, implementar esta operación) y el algoritmo proponga protocolos optimizados. Donde el diseño experimental se vuelva un proceso iterativo de propuesta, prueba, aprendizaje y refinamiento, acelerado por la IA. Y donde los límites de lo experimentalmente posible se expandan más allá de lo que cualquier equipo humano podría lograr sin esta ayuda computacional.

3.5. El futuro: IA y computación cuántica

Hemos visto cómo la IA está transformando la física cuántica al ayudarnos a caracterizar estados, descubrir fases y diseñar experimentos. Pero hay otra dimensión de esta relación que apenas está comenzando a desplegarse y que podría ser aún más revolucionaria: ¿qué ocurre si hacemos el camino inverso?, ¿qué pasa si usamos ordenadores cuánticos para acelerar los propios algoritmos de IA?

Esta idea, conocida como aprendizaje automático cuántico (*quantum machine learning*)*, está en la frontera de dos de las tecnologías más disruptivas del siglo XXI [24]. La promesa es tentadora: combinar la capacidad de los ordenadores cuánticos para explorar espacios exponencialmente grandes con la versatilidad del aprendizaje automático para extraer patrones de datos. Para entender la idea, recordemos qué hace especial a un ordenador cuántico. A diferencia de un ordenador clásico, donde cada bit es definitivamente 0 o 1, un *qubit* puede estar en una superposición de ambos estados. Un sistema de n qubits puede estar en una superposición de 2^n estados simultáneamente. Esta explosión de posibilidades es lo que, en principio, permite a los ordenadores cuánticos resolver ciertos problemas exponencialmente más rápido que cualquier ordenador clásico [25].

Ahora pensemos en la IA. Muchos de sus algoritmos implican buscar en espacios de alta dimensión: encontrar los mejores pesos para una red neuronal, identificar clústeres en datos complejos o calcular distancias entre vectores en espacios de características.

FIGURA 3.5

El salto cuántico en la búsqueda de soluciones

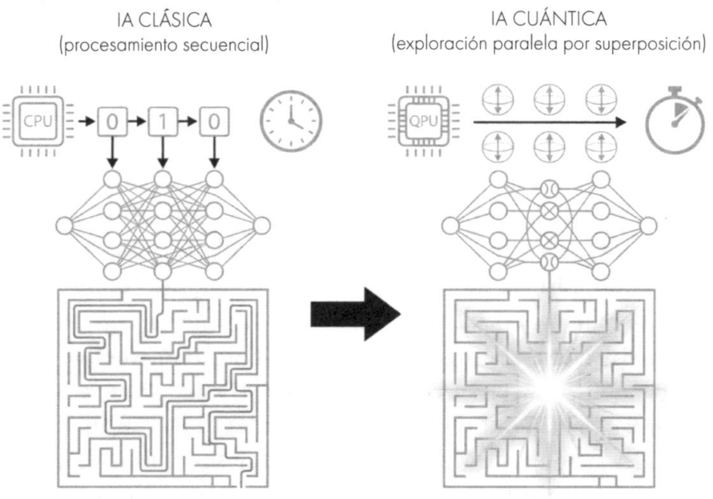

La IA clásica (izquierda), limitada por el procesamiento secuencial de bits (0 o 1), debe explorar el espacio de soluciones camino a camino, un proceso lento similar al ensayo y error. La IA cuántica (derecha) aprovecha la propiedad de superposición de los *qubits* (que pueden ser 0 y 1 a la vez) para explorar múltiples rutas simultáneamente. Esta capacidad de "exploración paralela" es la base de la prometida ventaja cuántica, ofreciendo una aceleración potencialmente exponencial para encontrar la solución óptima en espacios de búsqueda enormes.

Si pudiéramos codificar estos problemas en un ordenador cuántico, aprovechar la superposición cuántica para explorar muchas soluciones en paralelo y usar interferencia cuántica para amplificar las buenas soluciones mientras suprimimos las malas, quizás lograríamos aceleraciones computacionales muy significativas.

Un ejemplo emblemático es el algoritmo HHL, propuesto en 2009 por Harrow, Hassidim y Lloyd [26]. Su objetivo es resolver sistemas de ecuaciones lineales —el pan de cada día de buena parte del aprendizaje automático— con una aceleración que, sobre el papel, es exponencial. La realidad, como suele ocurrir en computación cuántica, es más matizada. El algoritmo funciona bajo condiciones específicas y el paso de datos clásicos al mundo cuántico introduce costes que pueden erosionar la ventaja. Aun así, HHL abrió una puerta: demostró que, al menos en principio, los ordenadores cuánticos podrían acelerar cálculos centrales para la inteligencia artificial.

Otro enfoque prometedor son los circuitos cuánticos variacionales*, una especie de híbrido entre computación cuántica y clásica [27]. La idea es usar un ordenador cuántico como una capa de procesamiento dentro de un algoritmo de aprendizaje que se ejecuta en un ordenador clásico. El ordenador cuántico procesa datos de maneras que serían difíciles clásicamente, y el ordenador clásico optimiza los parámetros del circuito cuántico. Es como tener una red neuronal donde algunas capas son cuánticas.

Los primeros experimentos han dado resultados variados. Por un lado, se ha demostrado que algoritmos cuánticos pueden, en principio, ofrecer ventajas para tareas específicas como clasificación de patrones o análisis de datos de alta dimensión. Por otro lado, los ordenadores cuánticos actuales son aún pequeños, ruidosos y propensos a errores. Las ventajas teóricas se ven eclipsadas por limitaciones prácticas.

Pero el campo está avanzando rápidamente. Los ordenadores cuánticos están creciendo en número de *qubits* y mejorando en calidad. Empresas como IBM, Google y *startups* especializadas están desarrollando *hardware* cuántico cada vez más capaz. Y se están descubriendo nuevos algoritmos cuánticos de aprendizaje automático que son más robustos frente al ruido y más adecuados para el *hardware* existente.

Un aspecto particularmente interesante es el uso de ordenadores cuánticos para simular sistemas cuánticos, con los que cerramos este capítulo. Los ordenadores cuánticos son, naturalmente, excelentes para simular física cuántica, porque son ellos mismos sistemas cuánticos. Combinando simulación cuántica con aprendizaje automático cuántico, podríamos diseñar materiales cuánticos con propiedades deseadas, optimizar moléculas para aplicaciones específicas o entender fenómenos de muchos cuerpos que están completamente fuera del alcance de la computación clásica [28].

Otra dirección fascinante es usar técnicas de IA para mejorar los propios ordenadores cuánticos. Los *qubits* son extremadamente frágiles y susceptibles a errores, y uno de los grandes desafíos es la calibración: ajustar miles de parámetros para que cada *qubit* opere óptimamente y las interacciones entre ellos sean precisas. Tradicionalmente, esto requiere semanas de trabajo manual de ingenieros especializados. Diferentes algoritmos de IA están empezando a automatizar este proceso, ajustando parámetros de manera autónoma y adaptándose a derivas lentas del sistema [29]. Más allá de la calibración, la corrección de errores cuánticos es esencial para construir ordenadores cuánticos escalables, pero los esquemas tradicionales requieren mecanismos de gran sofisticación. Diferentes algoritmos de aprendizaje automático están siendo explorados para diseñar códigos de corrección más eficientes y para decodificar señales ruidosas en tiempo real. En cierto sentido, estamos usando la IA clásica para hacer viables los ordenadores cuánticos del futuro.

Proyectándonos hacia el futuro, es probable que veamos una simbiosis cada vez más estrecha entre computación cuántica y aprendizaje automático. No será un reemplazo de uno por otro, sino una colaboración donde cada tecnología potencia a la otra. Los ordenadores cuánticos acelerarán ciertos cálculos de IA que son intratables clásicamente. Y la IA ayudará a diseñar, optimizar y corregir errores en ordenadores cuánticos. Pero más allá de las aplicaciones prácticas, esta convergencia plantea preguntas profundas. ¿Qué significa "aprender" en un contexto cuántico? ¿Pueden los algoritmos cuánticos capturar patrones que son fundamentalmente inaccesibles para algoritmos clásicos? ¿Hay problemas de inferencia o reconocimiento de patrones donde la superposición y el entrelazamiento cuántico* ofrecen ventajas genuinas o son las aceleraciones puramente computacionales?

Estas preguntas nos llevan al límite de lo que entendemos sobre información, computación y aprendizaje. La teoría de la información cuántica, desarrollada en las últimas décadas, nos ha enseñado que el mundo cuántico procesa y almacena información de maneras fundamentalmente diferentes al mundo clásico. El entrelazamiento permite correlaciones que no tienen análogo clásico. La medición cuántica altera inevitablemente el sistema medido. Y la no clonabilidad de estados cuánticos impone límites fundamentales a la copia de información.

Todas estas peculiaridades cuánticas tienen implicaciones para la IA. Sugieren que podría haber formas radicalmente nuevas de procesar información, clasificar patrones o inferir estructura de datos que solo son posibles en el régimen cuántico. Estamos apenas arañando la superficie de estas posibilidades.

En las próximas décadas, es probable que la frontera entre física cuántica e IA se vuelva cada vez más difusa. Veremos físicos cuánticos usando IA como herramienta cotidiana para analizar experimentos y simulaciones. Veremos científicos de datos usando ordenadores cuánticos para resolver problemas de optimización y aprendizaje. Y quizás, en algún punto, emergerá una teoría unificada del aprendizaje que abarque tanto el régimen clásico como el cuántico, mostrando que ambos son manifestaciones de principios más profundos sobre cómo los sistemas físicos procesan información.

El encuentro entre IA y física cuántica no es solo una colaboración tecnológica. Es un diálogo entre dos formas de entender el mundo: una que busca patrones en datos, otra que busca leyes en la naturaleza. Y de ese intercambio apenas estamos comenzando a escuchar las primeras notas de lo que promete ser una sinfonía extraordinaria.

Bibliografía

[1] Nielsen, M. A. y Chuang, I. L. (2010): *Quantum Computation and Quantum Information* (ed. 10° aniversario), Cambridge, Cambridge University Press.

[2] Keimer, B. y Moore, J. E. (2017): "The physics of quantum materials", *Nature Physics*, 13(11), pp. 1045-1055.

[3] Feynman, R. P. (1982): "Simulating physics with computers", *International Journal of Theoretical Physics*, 21(6-7), pp. 467-488.

[4] Sandvik, A. W. (2010): "Computational studies of quantum spin systems", *AIP Conference Proceedings*, 1297(1), pp. 135-338.

[5] Orús, R. (2014): "A practical introduction to tensor networks: Matrix product states and projected entangled pair States", *Annals of Physics*, 349, pp. 117-158.

[6] Carleo, G. y Troyer, M. (2017): "Solving the quantum many-body problem with artificial neural networks", *Science*, 355(6325), pp. 602-606.

[7] Paris, M. y Řeháček, J. (eds.) (2004): *Quantum State Estimation* (vol. 649), Berlín, Springer.

[8] James, D. F. *et al*. (2001): "Measurement of qubits", *Physical Review A*, 64(5), p. 052312.

[9] Torlai, G. *et al*. (2018): "Neural-network quantum state tomography", *Nature Physics*, 14(5), pp. 447-450.

[10] Xin, T. *et al*. (2019): "Local-measurement-based quantum state tomography via neural networks", *npj Quantum Information*, 5(1), p. 109.

[11] Torlai, G. *et al*. (2019): "Integrating neural networks with a quantum simulator for state reconstruction", *Physical Review Letters*, 123(23), p. 230504.

[12] Deng, D. L.; Li, X. y Das Sarma, S. (2017): "Quantum entanglement in neural network States", *Physical Review X*, 7(2), p. 021021.

[13] Sachdev, S. (2011): *Quantum Phase Transitions* (2ª ed.), Cambridge, Cambridge University Press.

[14] Wen, X. G. (2004): *Quantum Field Theory of Many-body Systems: From the Origin of Sound to an Origin of Light and Electrons*, Oxford, Oxford University Press.

[15] Wang, L. (2016): "Discovering phase transitions with unsupervised learning", *Physical Review B*, 94(19), p. 195105.

[16] Carrasquilla, J. y Melko, R. G. (2017): "Machine learning phases of matter", *Nature Physics*, 13(5), pp. 431-434.

[17] Sun, N. *et al*. (2018): "Deep learning topological invariants of band insulators", *Physical Review B*, 98(8), p. 085402.

[18] Wetzel, S. J. (2017): "Unsupervised learning of phase transitions: From principal component analysis to variational autoencoders", *Physical Review E*, 96(2), p. 022140.

[19] Dunjko, V. y Briegel, H. J. (2018): "Machine learning & artificial intelligence in the quantum domain: a review of recent progress", *Reports on Progress in Physics*, 81(7), p. 074001.

[20] Bukov, M. *et al.* (2018): "Reinforcement learning in different phases of quantum control", *Physical Review X*, 8(3), p. 031086.

[21] Zhang, X.-M. *et al.* (2019): "When does reinforcement learning stand out in quantum control? A comparative study on state preparation", *npj Quantum Information*, 5, p. 85.

[22] Baum, Y. *et al.* (2021): "Experimental deep reinforcement learning for error-robust gate-set design on a superconducting quantum computer", *PRX Quantum*, 2(4), p. 040324.

[23] Krenn, M. *et al.* (2016): "Automated search for new quantum experiments", *Physical Review Letters*, 116(9), p. 090405.

[24] Biamonte, J. *et al.* (2017): "Quantum machine learning", *Nature*, 549(7671), pp. 195-202.

[25] Preskill, J. (2018): "Quantum computing in the NISQ era and beyond", *Quantum*, 2, p. 79.

[26] Harrow, A. W.; Hassidim, A. y Lloyd, S. (2009): "Quantum algorithm for linear systems of equations", *Physical Review Letters*, 103(15), p. 150502.

[27] McClean, J. R. *et al.* (2016): "The theory of variational hybrid quantum-classical algorithms", *New Journal of Physics*, 18(2), p. 023023.

[28] Cao, Y. *et al.* (2019): "Quantum chemistry in the age of quantum computing", *Chemical Reviews*, 119(19), pp. 10856-10915.

[29] Lennon, D. T. *et al.* (2019): "Efficiently measuring a quantum device using machine learning", *npj Quantum Information*, 5(1), p. 79.

CAPÍTULO 4

En busca de lo fundamental: IA en física de partículas

4.1. El diluvio de datos del LHC: un desafío sin precedentes

El 4 de julio de 2012, el mundo científico celebraba uno de los descubrimientos más importantes del siglo: el bosón de Higgs*, la última pieza que faltaba del modelo estándar* de la física de partículas, había sido finalmente detectado en el Gran Colisionador de Hadrones (The Large Hadron Collider, LHC)* del CERN* [1]. Pero detrás de ese anuncio histórico había una hazaña tecnológica y analítica de dimensiones asombrosas. Los físicos habían tenido que examinar billones de colisiones de protones, cada una generando avalanchas de partículas, para identificar apenas unos cientos de eventos donde el esquivo Higgs había aparecido fugazmente antes de desintegrarse. Y la IA había jugado un papel crucial en esa búsqueda [2].

El LHC es la máquina más grande y compleja jamás construida por la humanidad. En un túnel circular de 27 kilómetros de circunferencia, enterrado bajo la frontera entre Suiza y Francia, dos haces de protones viajan en direcciones opuestas a velocidades cercanas a la de la luz. En cuatro puntos del anillo, los haces se cruzan y los protones colisionan con energías nunca antes alcanzadas en un laboratorio. Cada colisión recrea, por una fracción infinitesimal de segundo, las condiciones que existían una billonésima de segundo después del *big bang*.

El ritmo de estas colisiones es vertiginoso. Durante las operaciones normales del LHC, los protones chocan hasta 40 millones de veces por segundo [3]. Cada colisión produce una explosión de partículas que atraviesan los detectores gigantescos que rodean los puntos de cruce: ATLAS* y CMS*, del tamaño de edificios de varios pisos, equipados con millones de sensores que registran las trayectorias, energías y tipos de partículas producidas.

Figura 4.1

El desafío del diluvio de datos del LHC y la solución del *trigger* basado en IA

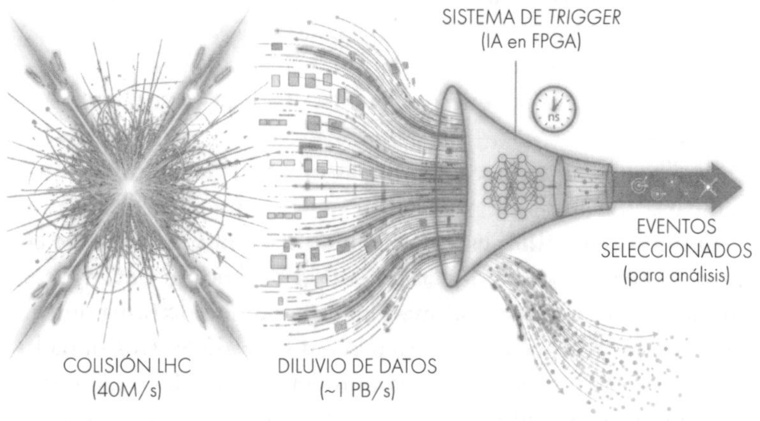

La IA gestiona el volumen masivo de información generada por el Gran Colisionador de Hadrones. Las colisiones de partículas (izquierda) ocurren a un ritmo de 40 millones por segundo, creando un "diluvio de datos" de casi un petabyte por segundo que es imposible de almacenar en su totalidad. Este flujo masivo pasa al sistema de *trigger* (centro), donde redes neuronales implementadas en *hardware* ultrarrápido (FPGA) analizan cada evento en cuestión de nanosegundos. A través de este proceso de filtrado en tiempo real, el sistema descarta la inmensa mayoría de la información y selecciona únicamente un pequeño flujo de eventos prometedores (derecha) para su posterior análisis físico.

El volumen de información es sencillamente abrumador. Si guardásemos los datos completos de cada colisión, estaríamos generando aproximadamente un petabyte de datos por segundo (un petabyte equivale a un millón de gigabytes: suficiente para almacenar toda la música grabada en la historia de la humanidad). En un solo día, el LHC generaría más datos que todos los libros escritos en toda la historia de la humanidad. Claramente, almacenar toda esta información es imposible.

Aquí surge el primer gran desafío donde la IA se vuelve indispensable: el sistema de disparo (*trigger*)* o sistema de selección en tiempo real. En apenas unos microsegundos, mientras la siguiente colisión ya está ocurriendo, el detector debe decidir si el evento que acaba de registrar merece ser guardado para análisis posterior o debe ser descartado [4]. Es una decisión que se toma 40 millones de veces por segundo y de ella depende que no perdamos un posible descubrimiento revolucionario.

Los sistemas de disparo tradicionales utilizaban reglas fijas programadas por físicos: "guarda eventos con mucha energía concentrada", "selecciona eventos con ciertos patrones de partículas", "prioriza colisiones que produzcan electrones o muones* de alta energía". Pero estos criterios, aunque útiles, son limitados. ¿Cómo diseñar reglas para fenómenos que nunca hemos visto? ¿Cómo asegurarnos de que no estamos descartando señales de nueva física simplemente porque no se ajustan a nuestras expectativas preconcebidas?

Las redes neuronales profundas ofrecen una solución revolucionaria. En lugar de programar reglas explícitas, entrenamos algoritmos con millones de ejemplos de colisiones simuladas: eventos donde sabemos que ocurrió algo interesante y eventos ordinarios que podemos descartar. La red aprende patrones sutiles, correlaciones complejas entre las señales de diferentes detectores, características que distinguen procesos raros de los abundantes pero menos interesantes.

Sin embargo, implementar redes neuronales en sistemas de disparo presenta desafíos únicos. El tiempo disponible es extremadamente limitado: apenas unos pocos microsegundos. Los ordenadores convencionales son demasiado lentos. La solución ha sido usar un *hardware* especializado llamado FPGA (matrices de puertas lógicas programables)*, chips que pueden ser programados para realizar cálculos específicos a velocidades extraordinarias [5]. Investigadores del CERN, en colaboración con expertos en aprendizaje automático de instituciones como Google, han desarrollado técnicas para comprimir redes neuronales profundas y desplegarlas en FPGA, logrando tiempos de decisión de apenas decenas de nanosegundos.

Estos sistemas están ya operativos. Durante la fase 3 (Run 3) del LHC, que comenzó en 2022, las redes neuronales trabajan en tiempo real seleccionando colisiones prometedoras con una eficiencia muy superior a los métodos tradicionales. Y mirando hacia el futuro, con el LHC de alta luminosidad* previsto para 2029, donde el ritmo de colisiones aumentará por un factor de cinco a siete, estos sistemas de IA serán absolutamente esenciales.

Pero el desafío de los datos no termina en la selección. Incluso después de filtrar, los experimentos del LHC almacenan decenas de petabytes de datos cada año. Analizar esta montaña de información, buscar entre billones de eventos las señales de nuevas partículas o fuerzas fundamentales, requiere herramientas cada vez más sofisticadas. Y es en esta búsqueda donde la alianza entre física de partículas y la IA se vuelve verdaderamente transformadora, como veremos en las próximas secciones.

El LHC no es solo un acelerador de partículas. Se ha convertido también en un acelerador de innovación en ciencia de datos e IA. Las técnicas desarrolladas allí para lidiar con el diluvio de datos están encontrando aplicaciones en campos tan diversos como medicina, finanzas y climatología. Y los físicos de partículas, que fueron pioneros en el uso de redes neuronales ya en los años noventa, siguen empujando las fronteras de lo que la IA puede hacer en la búsqueda de las leyes fundamentales del universo.

4.2. Cazando partículas: clasificación y reconstrucción con redes neuronales

Una vez que un evento ha sido seleccionado por el sistema de disparo y almacenado, comienza el verdadero trabajo detectivesco. Los detectores del LHC registran millones de señales: trazas de partículas cargadas curvándose en campos magnéticos, cascadas de energía en calorímetros* y destellos de luz en detectores de muones. A partir de este caos de información, los físicos debemos reconstruir qué ocurrió realmente en la colisión: qué partículas se produjeron, con qué energías y en qué direcciones. Es como intentar reconstruir una explosión observando solo los fragmentos dispersos.

Este proceso, conocido como reconstrucción de eventos*, ha sido tradicionalmente uno de los aspectos más laboriosos y computacionalmente costosos del análisis de datos en física de partículas. Un conjunto de algoritmos complejos intentan conectar puntos dispersos en el detector para formar trayectorias, agrupar rastros de energía para reconstruir las partículas que los causaron y distinguir entre los cientos de partículas producidas en cada colisión cuáles provienen de la interacción de interés y cuáles son ruido de fondo.

Figura 4.2

Reconstrucción de eventos mediante IA

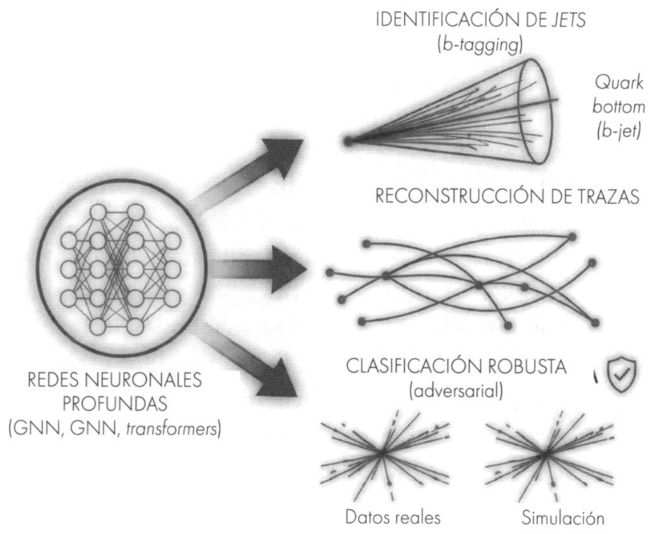

Arquitecturas avanzadas de redes neuronales profundas procesan la información del detector para reconstruir lo ocurrido en una colisión. Estas herramientas resuelven tareas críticas con alta eficiencia. La identificación de *jets* determina el origen de los chorros de partículas, algo esencial para detectar *quarks* del tipo *bottom*. La reconstrucción de trazas une los puntos aislados del detector para revelar las trayectorias de las partículas. Además, la clasificación robusta aplica técnicas adversarias para asegurar que el aprendizaje sea válido tanto en datos reales como en simulaciones.

Aquí las redes neuronales profundas han demostrado ser extraordinariamente efectivas. Un caso paradigmático es la identificación de los denominados chorros (*jets*)*, uno de los objetos más comunes y más importantes en colisiones de alta energía [6]. Cuando un *quark** o un gluon se produce en una colisión, se fragmenta de inmediato en una cascada de decenas de partículas que viajan aproximadamente en la misma dirección: eso es un chorro.

Identificar qué partícula lo originó —si un *quark bottom*, un *quark top* o un gluon— es crucial para muchos análisis, incluida la búsqueda del Higgs.

Tradicionalmente, esta identificación se hacía usando variables físicas diseñadas manualmente: la masa del chorro, su anchura, ciertas propiedades de sus partículas constituyentes. Pero las redes neuronales modernas pueden ir mucho más allá. Redes neuronales convolucionales, similares a las usadas en reconocimiento de imágenes, pueden analizar chorros tratando los detectores como cámaras y cada chorro como una imagen [7]. Redes neuronales basadas en grafos* pueden capturar las relaciones entre todas las partículas del chorro. Y redes con mecanismos de atención*, inspiradas en los *transformers* que revolucionaron el procesamiento de lenguaje natural, pueden identificar qué partículas dentro del chorro son más relevantes para la clasificación [8].

Los resultados son impresionantes. Para la tarea crítica de identificar chorros que provienen de *quarks* tipo *bottom* (etiquetado-b o *b-tagging*)*, las técnicas modernas de aprendizaje profundo han mejorado la eficiencia de identificación en más de un 30% comparadas con métodos tradicionales, manteniendo tasas de falsos positivos extremadamente bajas. Esto se traduce directamente en mejor sensibilidad para descubrir nueva física. Otro desafío fascinante es la reconstrucción de trazas de partículas cargadas [9]. En cada evento, decenas o cientos de partículas cargadas atraviesan las capas concéntricas de detectores de trazas, dejando señales en millones de sensores. El problema es conectar estos puntos dispersos para formar las trayectorias individuales de cada partícula, un rompecabezas combinatorio de una complejidad enorme. Tradicionalmente esto se hacía con algoritmos que seguían las trazas paso a paso, pero el tiempo de cálculo escala muy mal cuando el número de partículas aumenta. Las redes neuronales basadas en grafos han revolucionado este problema. La idea es representar todos los puntos detectados como nodos de un grafo y usar redes neuronales para predecir qué pares de puntos deberían conectarse formando segmentos de trayectorias. Esto convierte el problema de reconstrucción en un problema de clasificación de aristas en un grafo, que las redes neuronales pueden resolver con elegancia. El experimento ATLAS ha implementado estos métodos logrando reconstrucciones casi perfectas incluso en eventos extraordinariamente complicados, con una velocidad cientos de veces superior a algoritmos convencionales [10].

Un aspecto particularmente sofisticado es el uso de técnicas adversarias para hacer los clasificadores más robustos. En física de partículas, las simulaciones nunca son perfectas: hay pequeñas diferencias entre cómo se comportan los detectores en simulaciones y en la realidad. Si entrenamos una red neuronal solo con simulaciones, puede aprender a explotar esas diferencias espurias en lugar de aprender física genuina. La solución son las redes adversarias de dominio (*domain-adversarial networks*), donde una segunda red intenta detectar si un evento viene de una simulación o de datos reales, y la red principal es entrenada para que sus predicciones sean independientes de ese origen [11]. Es una forma de forzar a la red a aprender solo características físicas genuinas, no artefactos de la simulación.

Todas estas técnicas están teniendo un impacto directo en la física. En las búsquedas de nueva física más allá del modelo estándar, donde las señales son extremadamente raras y el ruido de fondo es enorme, cada mejora en la capacidad de identificar y clasificar partículas se traduce en una mejora en la sensibilidad del experimento. Las mismas técnicas de IA que permiten a un teléfono reconocer caras o a un coche conducir autónomamente, adaptadas y refinadas por físicos de partículas, están ayudando a descifrar los secretos del universo a las escalas más fundamentales.

Y lo fascinante es que esta es una relación de doble vía. Los desafíos únicos de la física de partículas, con sus datos de alta dimensión, sus reglas de simetría física y su necesidad de precisión extrema, están empujando el desarrollo de nuevas arquitecturas de redes neuronales y técnicas de entrenamiento que luego benefician a toda la comunidad de investigadores en IA.

4.3. Simulaciones ultrarrápidas: GAN y el dilema computacional

Uno de los secretos mejor guardados de la física experimental es cuánto depende de simulaciones. Antes de construir un detector, lo simulamos computacionalmente para optimizar su diseño.

Antes de analizar datos reales, generamos millones de eventos simulados para entender qué esperamos ver y calibrar nuestros algoritmos. Y cuando hacemos una medición, la comparamos constantemente con predicciones simuladas para validar nuestros resultados y estimar incertidumbres.

En física de partículas, estas simulaciones son extraordinariamente detalladas y, por tanto, extraordinariamente costosas computacionalmente. El proceso comienza con la generación del evento físico usando teoría cuántica de campos: qué partículas se producen en la colisión según las leyes del modelo estándar. Luego viene la parte más costosa: simular cómo cada una de esas partículas interactúa con el material del detector [12]. Cada partícula puede producir cascadas electromagnéticas, interacciones nucleares, radiación o ionización. Hay que seguir la propagación de millones de partículas secundarias a través de metros de material, calculando interacciones a escala microscópica.

Figura 4.3

Entrenamiento de una GAN para simulaciones ultrarrápidas

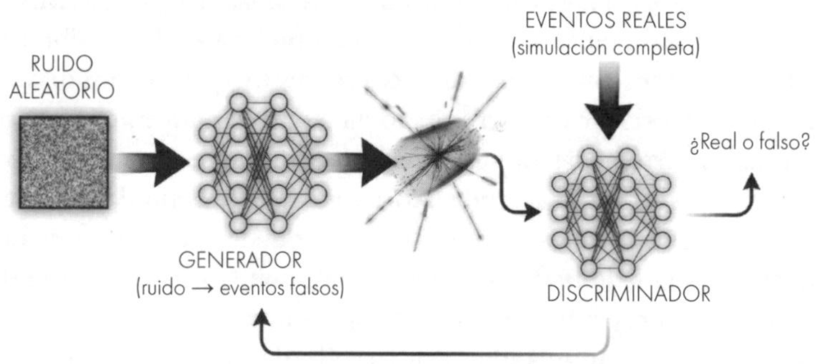

Una red neuronal tipo generador toma ruido aleatorio como entrada y produce eventos sintéticos que imitan colisiones reales. Simultáneamente, una red discriminadora se entrena para diferenciar estos eventos artificiales de los eventos reales provenientes de simulaciones completas. La competencia continúa entre ambas redes y permite al generador aprender a producir simulaciones de alta fidelidad indistinguibles de las tradicionales, pero ejecutadas en una fracción del tiempo de cómputo.

El resultado es que simular un solo evento puede tomar varios minutos de tiempo de CPU. Y los experimentos del LHC necesitan simular miles de millones de eventos para tener suficiente estadística. Actualmente, más de la mitad de todos los recursos de computación del LHC se dedican a simulación [13]. Y con el LHC de alta luminosidad las necesidades computacionales crecerán por un factor de 100. Simplemente, no hay suficientes recursos computacionales en el mundo para seguir simulando de la manera tradicional.

Aquí es donde las redes generativas adversarias (GAN), que ya vimos en el capítulo 2, están emergiendo como una solución revolucionaria. La idea es entrenar una red neuronal para que aprenda a imitar el comportamiento del detector, no simulando cada interacción física microscópica, sino aprendiendo directamente el patrón de señales que produce un cierto tipo de partícula cuando atraviesa el detector [14].

El esquema es el ya familiar de las GAN. Una red generadora intenta crear patrones de señales del detector que parezcan realistas. Una red discriminadora intenta distinguir entre eventos genuinamente simulados con física detallada y eventos generados por la red. Las dos compiten: el generador mejora intentando engañar al discriminador, el discriminador mejora intentando no dejarse engañar. Finalmente, el generador aprende a producir eventos que son indistinguibles de simulaciones completas.

Las ventajas son espectaculares. Una vez entrenada, la GAN puede generar eventos miles de veces más rápido que la simulación tradicional. En lugar de minutos por evento, hablamos de milisegundos o incluso microsegundos. Esto hace viable generar las cantidades masivas de eventos simulados que se necesitarán para el LHC de alta luminosidad. Los experimentos ATLAS y CMS han estado desarrollando e implementando estas técnicas activamente [15]. Un ejemplo particularmente exitoso es la simulación rápida de calorímetros, los detectores que miden la energía de partículas mediante cascadas electromagnéticas. Las GAN han logrado reproducir con alta fidelidad las complejas distribuciones tridimensionales de energía depositada, incluyendo fluctuaciones estadísticas y correlaciones sutiles que son cruciales para la física.

Pero no todo es sencillo. Las GAN pueden ser inestables durante el entrenamiento. Pueden aprender a reproducir ciertos aspectos de los datos, pero fallar en otros. Y hay un riesgo sutil pero importante: si la GAN aprende a reproducir artefactos o sesgos que estaban en los datos de entrenamiento, esos sesgos se propagarán a todos los análisis posteriores. Los físicos de partículas están desarrollando técnicas sofisticadas de validación para asegurar que las simulaciones generadas por GAN sean físicamente correctas.

Una aproximación alternativa, y complementaria, usa autocodificadores variacionales (VAE), otra familia de modelos generativos que vimos anteriormente [16]. A diferencia de las GANs que son puramente adversarias, los VAE aprenden una representación comprimida de los datos (un espacio latente)* y luego generan nuevos eventos muestreando de ese espacio. Esto puede ser más estable y más fácil de controlar que las GAN, aunque a veces produce eventos menos realistas.

Lo fascinante es que estos métodos no solo son más rápidos, también son más flexibles. Con simulaciones tradicionales, si queremos cambiar algún parámetro del detector o explorar una hipótesis física ligeramente diferente, tenemos que volver a simular todo desde cero. Con modelos generativos entrenados adecuadamente, podemos interpolar en el espacio de parámetros, generando rápidamente eventos para condiciones que no estaban exactamente en los datos de entrenamiento.

Algunos investigadores están explorando ideas aún más audaces: usar IA no solo para simular detectores, sino para simular directamente la física fundamental [17]. ¿Podrían las redes neuronales aprender las reglas de la cromodinámica cuántica observando suficientes eventos sin necesidad de calcular explícitamente los diagramas de Feynman?*. Es una pregunta profunda que conecta con cuestiones fundamentales sobre qué significa "entender" física.

Lo que está claro es que la simulación ultrarrápida mediante IA será un componente esencial de la física de partículas en las próximas décadas. No reemplazará completamente la simulación detallada basada en física, que seguirá siendo el estándar oro para validación y comprensión profunda, pero la complementará, permitiendo explorar vastos espacios de parámetros, generar grandes conjuntos de datos para entrenar otros algoritmos y hacer viable el programa científico del LHC de alta luminosidad. Una vez más, la IA no solo está ayudando a analizar los datos del LHC, sino que está haciendo posible la propia existencia de ese programa científico.

4.4. Búsquedas de nueva física: aprendizaje no supervisado para lo desconocido

El modelo estándar de la física de partículas es uno de los logros intelectuales más extraordinarios de la humanidad. Describe con precisión asombrosa todas las partículas y fuerzas fundamentales que conocemos, salvo la gravedad. El descubrimiento del bosón de Higgs en 2012 completó el modelo. Pero sabemos que no puede ser la historia completa. Hay demasiadas preguntas sin respuesta. ¿Qué es la materia oscura que constituye el 85% de la materia del universo?, ¿por qué hay más materia que antimateria?, ¿cómo se unifican las fuerzas fundamentales a altas energías?, ¿por qué las masas de las partículas tienen los valores que tienen? Todas estas preguntas sugieren que debe haber física más allá del modelo estándar a la espera de ser descubierta.

Figura 4.4
Búsqueda sin modelo mediante detección de anomalías

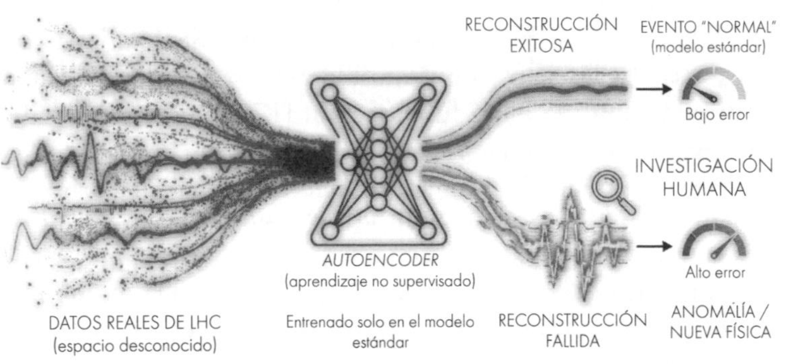

Un *autoencoder* se entrena exclusivamente para reconstruir eventos "normales" del modelo estándar. Al procesar datos reales del LHC, la red intenta comprimirlos y reconstruirlos. Una reconstrucción exitosa (bajo error) indica un evento conocido. Una reconstrucción fallida (alto error) señala una anomalía que requiere investigación humana y potencialmente puede ser la base de una nueva física.

El problema es que no sabemos exactamente qué estamos buscando. Hay docenas de teorías propuestas: supersimetría*, dimensiones extra, nuevos bosones o materia oscura producida en colisiones del LHC. Cada teoría predice señales específicas, y los físicos han diseñado búsquedas dedicadas para cada una. Pero ¿y si la nueva física se manifiesta de una manera que nadie ha predicho? ¿Cómo buscamos lo que no sabemos que deberíamos buscar?

Aquí es donde el aprendizaje no supervisado ofrece una aproximación radicalmente nueva [18]. En lugar de buscar señales específicas predichas por teorías, dejamos que algoritmos de IA exploren los datos y nos señalen anomalías: eventos que se desvían de lo esperado, configuraciones que ocurren con más o menos frecuencia de lo que predice el modelo estándar, patrones que no encajan con las simulaciones. La idea se llama búsqueda sin modelo (*model-agnostic search*) o detección de anomalías*. Entrenamos algoritmos de aprendizaje no supervisado con grandes cantidades de datos del LHC, enseñándoles qué aspecto tienen los eventos "normales" del modelo estándar. Luego usamos esos algoritmos para escanear los datos reales en busca de eventos que parezcan anómalos: valores atípicos (*outliers*) que el algoritmo considera extraños o improbables.

Los autocodificadores, de nuevo, se convierten en una herramienta favorita para esto [19]. Si entrenamos un autocodificador con eventos del modelo estándar, aprenderá a reconstruir bien esos eventos pero tendrá dificultad reconstruyendo eventos que sean cualitativamente diferentes. La idea es medir el "error de reconstrucción": eventos con error alto son candidatos a nueva física.

Otra técnica prometedora usa lo que se conoce como entrenamiento de supervisión débil (*weak supervision*)* [20]. La idea es que aunque no sabemos exactamente qué nueva física podría aparecer, sabemos que probablemente dejará una huella: un exceso sospechoso de eventos en algún lugar donde no debería haberlos. Los algoritmos pueden ser entrenados para buscar resonancias en distribuciones, sin necesidad de especificar de antemano dónde aparecerán o qué forma exacta tendrán.

El experimento ATLAS ha implementado esta estrategia en búsquedas reales [21]. En un análisis publicado en 2020, usaron esta tecnología para buscar anomalías en eventos con múltiples chorros. No encontraron desviaciones significativas del modelo estándar, pero demostraron que el método funciona y puede ser competitivo con búsquedas tradicionales dirigidas a modelos específicos. Lo fascinante es que este método es complementario:

puede descubrir señales que las búsquedas tradicionales habrían perdido.

Hay desafíos importantes. El principal es que los datos reales están llenos de fluctuaciones estadísticas, errores de calibración y efectos sistemáticos que pueden parecer anomalías pero no lo son. Cualquier técnica de detección de anomalías producirá falsos positivos. La clave es diseñar métodos que sean sensibles a nueva física genuina pero robustos frente a estos efectos mundanos. Los físicos estamos abordando esto mediante validación exhaustiva. Se generan conjuntos de datos sintéticos donde se "inyectan" señales de nueva física conocidas y se verifica que el algoritmo las detecta. Se comparan resultados entre diferentes algoritmos de detección de anomalías y se diseñan pruebas estadísticas sofisticadas para cuantificar la significancia de cualquier anomalía detectada.

Una aproximación particularmente inteligente combina búsquedas supervisadas y no supervisadas [22]. Los algoritmos no supervisados escanean los datos y señalan regiones de interés. Luego, físicos humanos examinan esas regiones, desarrollan hipótesis sobre qué podría estar causando la anomalía y diseñan búsquedas supervisadas más sensibles para investigar. Es una colaboración donde la IA actúa como un explorador que identifica territorio prometedor, y los humanos aportan una comprensión física profunda.

Mirando al futuro, estas técnicas serán cada vez más importantes. Como se ha comentado anteriormente, con el LHC de alta luminosidad tendremos cien veces más datos. Estadísticamente, esto aumentará las posibilidades de que alguna señal rara de nueva física esté escondida en los datos. Pero también hará más difícil buscar manualmente. Los algoritmos de detección de anomalías actuarán como un primer filtro, señalando las regiones más prometedoras para investigación humana detallada.

Hay algo profundo en esta aproximación al problema. Durante siglos, la física ha avanzado mediante la interacción entre teoría y experimento: los físicos teóricos predicen fenómenos, los experimentales los buscan. Ahora estamos añadiendo un tercer elemento: algoritmos que exploran datos sin hipótesis previas, identificando patrones que ni teóricos ni experimentales habían considerado. No sabemos aún qué revelará esta nueva forma de hacer física. Pero es posible que el próximo gran descubrimiento no venga de validar una teoría propuesta, sino de un algoritmo señalando algo inesperado en los datos que nadie había pensado buscar.

4.5. El futuro: hacia una física de partículas acelerada por IA

Mirando hacia el futuro de la física de partículas, es difícil imaginar cómo sería sin IA. La IA se ha convertido en una herramienta tan fundamental como los propios detectores. Pero estamos apenas al principio de entender todo lo que puede hacer por nosotros y todo lo que podemos aprender al intentar aplicarla a los problemas más fundamentales de la física.

Uno de los desarrollos recientes más significativos es la idea del aprendizaje integral (*end-to-end*), donde todo el flujo de análisis, desde las señales crudas del detector hasta la inferencia final de parámetros físicos, es realizado por una única red neuronal entrenada de principio a fin [23]. Tradicionalmente, el análisis de datos en física de partículas es un proceso de múltiples etapas: reconstrucción de trazas, identificación de partículas, selección de eventos y ajuste estadístico. Cada etapa introduce aproximaciones y pérdida de información. ¿Y si pudiéramos entrenar una red que tome directamente las señales del detector y produzca, por ejemplo, la masa de una partícula o la intensidad de su interacción con otras?

Los primeros experimentos en esta dirección han mostrado resultados muy interesantes. Las redes integrales han logrado extraer parámetros físicos con menor incertidumbre que los métodos tradicionales, precisamente porque preservan toda la información disponible en lugar de comprimir prematuramente los datos [24]. El desafío es hacer estas redes interpretables: queremos entender por qué hacen las predicciones que hacen, no solo confiar ciegamente en cajas negras.

Otro frente fascinante es el uso de IA para la física teórica. Calcular predicciones precisas del modelo estándar requiere evaluar integrales extremadamente complicadas llamadas integrales de bucle de Feynman*. Estos cálculos pueden llevar semanas o meses incluso para procesos relativamente simples. Investigadores de todo el mundo están explorando si las redes neuronales pueden aprender a aproximar estas integrales o incluso descubrir nuevas identidades matemáticas que simplifiquen los cálculos [25]. Es un área donde la frontera entre usar IA como herramienta y usar IA para descubrir nueva matemática se vuelve borrosa.

La planificación de futuros experimentos también se beneficiará enormemente de la IA. Diseñar un detector para el próximo gran colisionador de partículas requiere optimizar simultáneamente miles de parámetros: qué tecnologías de sensores usar, cómo distribuirlos espacialmente, cómo equilibrar coste contra rendimiento físico, etc. Esto es exactamente el tipo de problema de optimización de alta dimensión donde el aprendizaje por refuerzo y algoritmos evolutivos pueden tener éxito [26]. En lugar de que los físicos exploren manualmente el espacio de diseños, los algoritmos pueden proponer y evaluar miles de configuraciones, convergiendo hacia diseños óptimos que los humanos no habrían considerado.

Hay también una dimensión social importante. La comunidad de física de partículas está invirtiendo fuertemente en formación en *machine learning*. El grupo de trabajo de aprendizaje automático inter-experimental del LHC organiza talleres, escuelas de verano y competiciones de programación para entrenar a la próxima generación de físicos en estas técnicas [27]. Varias de universidades están introduciendo cursos de IA como parte obligatoria del currículo de física de partículas y las colaboraciones con la industria tecnológica se están intensificando, con empresas como Google, Microsoft e IBM, que están uniéndose a este esfuerzo, contribuyendo con su conocimiento y sus recursos computacionales.

Pero quizás lo más profundo es cómo la IA está cambiando la naturaleza misma de las preguntas que podemos hacer. Durante décadas, los experimentos de física de partículas se han diseñado en torno a hipótesis específicas: construir un colisionador para buscar el bosón de Higgs, diseñar un detector para medir violación carga-paridad u optimizar un sistema de disparo para capturar supersimetría. Ahora estamos transitando hacia un paradigma más exploratorio: construir detectores y sistemas de análisis versátiles que puedan descubrir fenómenos imprevistos, guiados por algoritmos que buscan patrones sin saber de antemano qué están buscando.

Esto no significa que la comprensión física profunda se vuelva obsoleta. Al contrario, es más importante que nunca. Los algoritmos pueden señalar anomalías, pero los físicos debemos interpretarlas. Las redes neuronales pueden clasificar eventos, pero los físicos tenemos que entender las implicaciones. La IA amplifica las capacidades humanas, no las reemplaza. Así, vemos que está claro que la física de partículas y la IA han iniciado un viaje conjunto. Ambos campos se alimentan mutuamente: la física aporta problemas difíciles de resolver y datos únicos que empujan las fronteras de lo que la IA puede hacer. La IA por su lado aporta herramientas poderosas que nos permiten a los físicos explorar preguntas que antes eran intratables. Y en ese diálogo entre la búsqueda de entender las leyes fundamentales del universo y el desarrollo de una IA cada vez más capaz, estamos presenciando el nacimiento de una nueva era en la ciencia fundamental.

Bibliografía

[1] ATLAS Collaboration (2012): "Observation of a new particle in the search for the Standard Model Higgs boson with the ATLAS detector at the LHC", *Physics Letters B*, 716(1), pp. 1-29.

[2] Radovic, A. *et al.* (2018): "Machine learning at the energy and intensity frontiers of particle physics", *Nature* 560, pp. 41-48.

[3] Evans, L. y Bryant, P. (2008): "LHC Machine", *Journal of Instrumentation*, 3(08), p. S08001.

[4] Aarrestad, T. *et al.* (2021): "Fast convolutional neural networks on FPGAs with hls4ml", *Machine Learning: Science and Technology*, 2(4), p. 045015.

[5] Duarte, J. *et al.* (2018): "Fast inference of deep neural networks in FPGAs for particle physics", *Journal of Instrumentation*, 13(07), p. P07027.

[6] Guest, D.; Cranmer, K. y Whiteson, D. (2018): "Deep learning and its application to LHC physics", *Annual Review of Nuclear and Particle Science*, 68, pp. 161-181.

[7] Oliveira, L. de *et al.* (2016): "Jet-images-deep learning Edition", *Journal of High Energy Physics*, 69.

[8] Qu, H.; Li, C. y Qian, S. (2022): "Particle transformer for jet tagging", *Proceedings of the 39th International Conference on Machine Learning (ICML)*, PMLR, 162, pp. 18281-18292.

[9] Farrell, S. *et al.* (2018): "Novel deep learning methods for track reconstruction", *arXiv preprint*, arXiv:1810.06111.

[10] Ju, X. *et al.* (2021): "Performance of a geometric deep learning pipeline for HL-LHC particle tracking", *The European Physical Journal C*, 81(10), p. 876.

[11] Louppe, G.; Kagan, M. y Cranmer, K. (2017): "Learning to pivot with adversarial networks", *Advances in Neural Information Processing Systems*, 30.

[12] Agostinelli, S. *et al.* (2003): "GEANT4: a simulation toolkit", *Nuclear Instruments and Methods in Physics Research Section A*, 506(3), pp. 250-303.

[13] Albrecht, J. *et al.* (2019): "A roadmap for HEP software and computing R&D for the 2020s", *Computing and Software for Big Science*, 3(1), pp. 1-27.

[14] Paganini, M.; Oliveira, L. de y Nachman, B. (2018): "CaloGAN: Simulating 3D high energy particle showers in multilayer electromagnetic calorimeters with generative adversarial networks", *Physical Review D*, 97(1), p. 014021.

[15] ATLAS Collaboration (2021): "Fast simulation of the ATLAS calorimeter system with generative adversarial networks", *Computing and Software for Big Science*, 5(1), pp. 1-21.

[16] — (2024): "Deep generative models for fast photon shower simulation in ATLAS", *Computing and Software for Big Science*, 8(7).

[17] Andreassen, A. *et al.* (2019): "JUNIPR: a framework for unsupervised machine learning in particle physics", *The European Physical Journal C*, 79(2), pp. 1-24.

[18] Nachman, B. y Shih, D. (2020): "Anomaly detection with density estimation", *Physical Review D*, 101(7), p. 075042.

[19] FARINA, M.; NAKAI, Y. y SHIH, D. (2020): "Searching for new physics with deep autoencoders", *Physical Review D*, 101(7), p. 075021.
[20] COLLINS, J. H.; HOWE, K. y NACHMAN, B. (2018): "Anomaly detection for resonant new physics with machine learning", *Physical Review Letters*, 121(24), p. 241803.
[21] ATLAS COLLABORATION (2020): "Dijet resonance search with weak supervision using $\sqrt{s}$ = 13 TeV pp collisions in the ATLAS detector", *Physical Review Letters*, 125(13), p. 131801.
[22] KASIECZKA, G.; NACHMAN, B. y SHIH, D. (2021): "R&D dataset for LHC Olympics 2020 anomaly detection challenge", Zenodo.
[23] BALDI, P.; SADOWSKI, P. y WHITESON, D. (2014): "Searching for exotic particles in high-energy physics with deep learning", *Nature Communications*, 5(1), pp. 1-9.
[24] SIMPSON, N. y NGADIUBA, J. (2022): "End-to-end multi-particle reconstruction in high occupancy imaging calorimeters with graph neural networks", *arXiv preprint*, arXiv:2204.01681.
[25] CALISTO, F.; MOODIE, R. y ZOIA, S. (2024): "Learning Feynman integrals from differential equations with neural networks", *Journal of High Energy Physics*, 124.
[26] KRENN, M. *et al.* (2022): "On scientific understanding with artificial Intelligence", *Nature Reviews Physics*, 4(12), pp. 761-769.
[27] INTER-EXPERIMENTAL LHC MACHINE LEARNING WORKING GROUP (2019): "IML Machine Learning Workshop", CERN, https://iml.web.cern.ch/.

CAPÍTULO 5

IA y laboratorios de materiales que nunca duermen

5.1. El problema inverso: de propiedades a materiales

Durante siglos, el descubrimiento de nuevos materiales ha seguido un patrón predecible: los científicos sintetizan un compuesto, miden sus propiedades y esperan que sea útil para algo. Es un proceso fundamentalmente directo: dada la composición y estructura de un material, predecimos (o medimos) sus propiedades. Pero lo que realmente queremos es resolver el problema inverso: dadas las propiedades que necesitamos, ¿qué material debemos sintetizar? [1].

Este problema inverso es extraordinariamente difícil. El espacio de materiales posibles es astronómicamente grande. Consideremos solo moléculas orgánicas pequeñas, del tipo que podrían usarse como fármacos: se estima que hay más de 10^{33} (un 1 seguido de 33 ceros) de ellas [2]. Para poner esto en perspectiva, si pudiéramos sintetizar y probar un millón de moléculas por segundo, tardaríamos más que la edad del universo en explorar apenas una fracción minúscula de este espacio. Y esto es solo para moléculas pequeñas: si consideramos polímeros, aleaciones metálicas, cerámicas o materiales compuestos, el número de posibilidades se incrementaría aún más.

El enfoque tradicional ha sido estrechar la búsqueda mediante intuición química y física. Los científicos desarrollan "reglas de diseño" basadas en la comprensión de cómo la estructura atómica determina propiedades. Por ejemplo, sabemos que ciertas configuraciones de átomos conducen a superconductividad, o que ciertas estructuras moleculares son prometedoras para capturar CO_2. Pero estas reglas son aproximadas, y el espacio de búsqueda sigue siendo inmanejablemente grande. Aquí es donde la IA generativa está provocando una revolución silenciosa. La idea central es entrenar modelos que aprendan la relación entre estructura molecular y propiedades, no para predecir propiedades dada una estructura (eso es el problema directo y lo podemos hacer con simulaciones), sino para generar estructuras que tengan las propiedades deseadas [3]. Es un cambio de paradigma: del diseño basado en intuición humana al diseño guiado por algoritmos que han aprendido de grandes cantidades de datos.

Figura 5.1

Descubrimiento de materiales con IA generativa

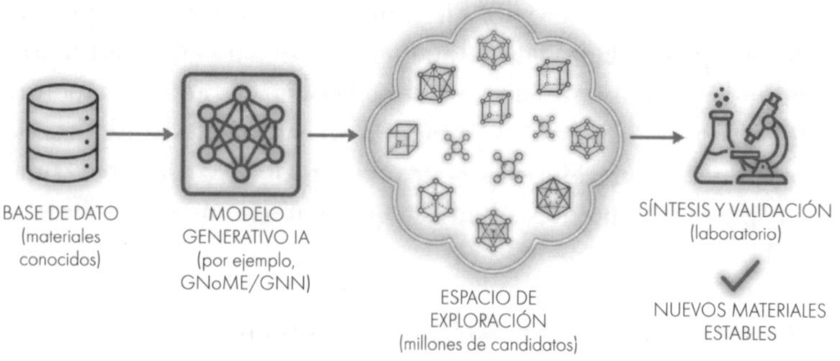

El proceso utiliza una base de datos de materiales conocidos para entrenar un modelo generativo de IA (por ejemplo, GNoME, basado en redes neuronales de grafos). Este modelo explora un espacio de exploración masivo, generando millones de estructuras candidatas. Las predicciones más prometedoras pasan a una etapa de síntesis y validación experimental en el laboratorio, lo que da como resultado el descubrimiento acelerado de nuevos materiales estables.

Los modelos generativos que vimos en capítulos anteriores, VAE, GAN, así como los modelos de difusión, resultan ser perfectamente adaptables a este problema. Pero hay un desafío adicional: las moléculas y materiales tienen estructuras altamente restringidas. No podemos simplemente generar cualquier arreglo de átomos y esperar que sea químicamente estable o sintetizable.

Los átomos obedecen reglas de valencia*, las moléculas tienen geometrías preferidas y los cristales deben satisfacer simetrías específicas. La solución ha sido desarrollar representaciones especializadas de materiales que capturan estas restricciones. Para moléculas, se usan grafos donde los nodos representan átomos y las aristas representan enlaces químicos. Para cristales, se usan representaciones basadas en grupos espaciales que codifican la simetría del material [4]. Las redes neuronales generativas aprenden a operar en estos espacios estructurados, generando solo configuraciones que son químicamente plausibles.

Un ejemplo paradigmático viene de Google DeepMind. En 2023, publicaron GNoME (Graph Networks for Materials Exploration)*, un modelo de redes neuronales de grafos (*graph neural networks*) entrenado para predecir la estabilidad de materiales cristalinos [5]. El modelo fue entrenado con datos de cientos de miles de estructuras conocidas de Materials Project*, una base de datos pública de materiales calculados con métodos de primeros principios.

Una vez entrenado, GNoME pudo evaluar millones de nuevas estructuras cristalinas generadas mediante técnicas de sustitución elemental, prediciendo cuáles serían estables y por tanto sintetizables. Los resultados fueron asombrosos. GNoME identificó 2,2 millones de nuevos materiales potencialmente estables, aumentando de golpe el catálogo de candidatos conocidos en casi un orden de magnitud. Y no eran solo predicciones teóricas: 736 de estos materiales coincidían con compuestos que laboratorios independientes habían sintetizado experimentalmente, validando la capacidad predictiva del modelo. Entre los materiales descubiertos hay superconductores potenciales, materiales para baterías de próxima generación y compuestos con propiedades ópticas o magnéticas únicas. Esto representa un cambio fundamental en cómo hacemos ciencia de materiales. Históricamente, el descubrimiento de nuevos materiales ha sido lento y estaba basado en prueba y error. Ahora estamos transitando hacia un enfoque donde algoritmos de IA exploran sistemáticamente el espacio de posibilidades y sugieren candidatos prometedores, y los humanos se enfocan en sintetizar y validar las predicciones más interesantes.

Pero GNoME es solo un ejemplo. Hay modelos similares para diseño de fármacos, donde la IA genera moléculas con propiedades farmacológicas deseadas [6]. Hay modelos para diseñar polímeros con propiedades mecánicas o térmicas específicas. Hay también modelos para optimizar catalizadores que aceleren reacciones químicas importantes para la industria o para captura de carbono. Lo fascinante es que estos modelos no solo reproducen lo conocido. Están generando materiales genuinamente nuevos, combinaciones de elementos y estructuras que ningún humano había considerado. Y en algunos casos, cuando preguntamos por qué el modelo sugiere cierta estructura, podemos extraer lecciones químicas que refinan nuestra comprensión teórica.

Por supuesto, la IA no resuelve todo el problema. Generar una estructura prometedora es solo el primer paso. Todavía tenemos que sintetizar el material, caracterizarlo experimentalmente y verificar que efectivamente tiene las propiedades predichas. Ahí es donde entran los laboratorios autónomos, que veremos en las próximas secciones. Pero el paso de diseño, que antes tomaba años de trabajo humano intensivo, ahora puede hacerse en días o semanas con ayuda de modelos generativos. Es el principio de una nueva era en ciencia de materiales.

5.2. Aprendiendo el lenguaje de la química: de SMILES a *transformers*

Para que un modelo de IA genere moléculas, primero necesitamos una manera de representarlas que sea comprensible para algoritmos. Las moléculas son objetos tridimensionales complejos, con átomos en posiciones específicas conectados por enlaces de diferentes tipos. ¿Cómo codificamos esta información de manera que una red neuronal pueda procesarla? Una de las representaciones más populares es el denominado SMILES (Simplified Molecular Input Line Entry System o sistema de introducción lineal molecular simplificada)*, desarrollada en los años ochenta [7]. SMILES codifica moléculas como cadenas de texto, similar a cómo escribimos palabras. Por ejemplo, el etanol (alcohol común) se escribe "CCO": dos carbonos (C) conectados, con un oxígeno (O) al final. Moléculas más complejas tienen SMILES más largos, pero la idea es la misma: convertir estructuras tridimensionales en secuencias lineales de caracteres.

Esta representación tiene una ventaja enorme: podemos usar técnicas de procesamiento de lenguaje natural (NLP) desarrolladas para texto. Las mismas redes recurrentes (RNN)* que funcionan para traducir idiomas o generar texto pueden entrenarse para generar SMILES de moléculas con propiedades deseadas. Ya en 2018, un enfoque pionero usó RNN para generar moléculas de manera autorregresiva [8]: el modelo aprende la probabilidad de cada carácter en la secuencia SMILES dados los caracteres anteriores, igual que un modelo de lenguaje predice la siguiente palabra en una frase. Una vez entrenado con millones de moléculas conocidas, el modelo puede generar nuevos SMILES basándose en las probabilidades aprendidas. La mayoría de las secuencias generadas corresponden a moléculas químicamente válidas y algunas tienen propiedades interesantes que no estaban en los datos de entrenamiento.

Figura 5.2

Flujo de trabajo para la generación de moléculas mediante IA

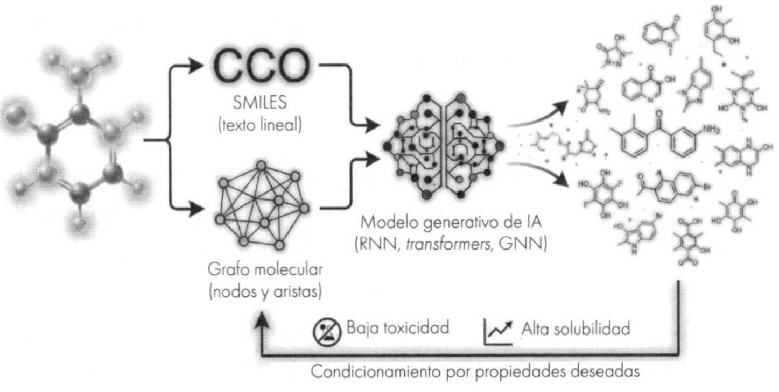

Las estructuras químicas tridimensionales se traducen inicialmente a representaciones procesables por algoritmos, como el formato de texto lineal SMILES (por ejemplo, CCO) o grafos moleculares de nodos y aristas. Estas representaciones alimentan modelos generativos de IA (incluyendo RNN, *transformers* o GNN) que aprenden la "gramática" de la formación química para crear nuevas moléculas candidatas. Este proceso permite el condicionamiento por propiedades deseadas, como baja toxicidad o alta solubilidad, guiando a la IA en la búsqueda de compuestos que cumplan requisitos específicos.

Pero SMILES tiene limitaciones. Una molécula puede tener múltiples representaciones SMILES válidas (diferentes formas de escribir la misma estructura), y pequeños cambios en el SMILES pueden corresponder a cambios grandes en la molécula. Esto hace el aprendizaje más difícil. Una mejora es SELFIES (*self-referencing embedded strings*, autorreferenciado de cadenas incrustadas)*, una representación diseñada específicamente para ser más robusta [9]. SELFIES garantiza que cada cadena corresponde a una molécula válida, eliminando el problema de que el modelo genere "moléculas" imposibles. Otra aproximación es representar moléculas directamente como grafos, donde nodos son átomos y aristas son enlaces. Las redes neuronales de grafos, que comentábamos también en la sección anterior, pueden capturar directamente la estructura topológica de la molécula sin necesidad de linearizarla [10]. Modelos generativos basados en grafos, como Junction Tree VAE o GraphAF, generan moléculas construyendo el grafo paso a paso: añadiendo nodos (átomos) y aristas (enlaces) de manera que respeten las reglas de valencia química.

Recientemente, los *transformers* han emergido como una arquitectura dominante para moléculas [11]. La clave es que los *transformers*, con sus mecanismos de atención, pueden aprender relaciones de largo alcance entre diferentes partes de una molécula. Esto es crucial, porque propiedades moleculares a menudo dependen de cómo grupos funcionales distantes interactúan entre sí. Modelos como MolFormer han sido preentrenados con millones de moléculas, aprendiendo representaciones ricas de estructura química, y luego ajustados para tareas específicas, como generar moléculas con cierta solubilidad, toxicidad baja o afinidad a un receptor biológico específico [12].

Lo fascinante es que estos modelos están empezando a capturar "gramática química": las reglas implícitas de cómo se forman moléculas estables. Sin haber sido programados explícitamente con reglas de química orgánica, aprenden que ciertos patrones de enlaces son comunes y estables, mientras otros no lo son. Pero quizás lo más interesante es que estos modelos pueden ser condicionados. Podemos entrenarlos para generar moléculas con propiedades específicas: "genera un antibiótico efectivo contra esta bacteria", "diseña un polímero biodegradable con alta resistencia mecánica", "encuentra un catalizador para esta reacción". El modelo aprende asociaciones entre estructuras moleculares y propiedades, y puede navegar el espacio químico hacia regiones que satisfacen nuestros requisitos [13].

Por supuesto, estas técnicas aún se enfrentan a desafíos importantes. Hemos visto que algunos modelos ya incorporan predicciones de sintetizabilidad, pero pasar de una molécula prometedora en el ordenador a un compuesto real en un tubo de ensayo sigue siendo un salto que no siempre se logra dar. El problema es que la química real es desordenada: los reactivos tienen impurezas, las reacciones no siempre proceden como dictan los libros de texto y una ruta sintética que parece elegante en el papel puede requerir meses de optimización en la práctica. Los modelos están mejorando, pero la intuición de un químico experimentado sigue siendo un elemento clave.

Más allá de lo técnico, existen preocupaciones éticas que no podemos ignorar. Estos mismos modelos que pueden diseñar fármacos pueden, en principio, diseñar toxinas o compuestos peligrosos. La comunidad científica está desarrollando protocolos de seguridad y directrices éticas para el uso responsable de IA generativa en química.

Aun así, estos desafíos no deben oscurecer lo extraordinario del momento que vivimos. Estamos desarrollando lo que podríamos llamar "traductores universales" entre el lenguaje de propiedades deseadas y el lenguaje de estructuras moleculares. Y esos traductores se están volviendo cada vez más fluidos, capaces de proponer soluciones químicas a problemas que antes requerían décadas de investigación humana.

5.3. Más allá de las moléculas: diseño de materiales complejos

Las moléculas son solo el comienzo. Muchos de los materiales que sostienen nuestra sociedad tecnológica no son moléculas simples, sino estructuras de una complejidad asombrosa: cristales con configuraciones atómicas que se repiten con precisión matemática, aleaciones metálicas donde múltiples elementos se combinan en proporciones delicadas, polímeros cuyas cadenas se entrelazan en arquitecturas sofisticadas o materiales compuestos con jerarquías que abarcan desde el nanómetro hasta el centímetro.

Diseñar estos materiales con IA presenta desafíos singulares. A diferencia de las moléculas pequeñas, donde podemos recurrir a representaciones como SMILES o grafos sencillos, aquí cada familia de materiales exige su propio lenguaje. Los cristales inorgánicos requieren describir la unidad básica que se repite para formar el cristal, como una baldosa que cubre un suelo infinito: qué átomos contiene, cómo se disponen y qué forma tiene esa baldosa tridimensional [14]. Las aleaciones metálicas plantean otro reto: habitan un espacio de composiciones continuo y pueden adoptar múltiples estructuras según las condiciones de procesamiento. Los polímeros, por su parte, con sus cadenas de millones de átomos plegadas en topologías complejas, desafían cualquier descripción simple.

A pesar de estas dificultades, para los cristales ya existen soluciones prometedoras. Modelos como CDVAE (Crystal Diffusion VAE) aprenden a generar estructuras cristalinas inéditas a partir de esas "baldosas tridimensionales", respetando automáticamente las restricciones de simetría y estabilidad que impone la física. El diseño de nuevos materiales para baterías de ion-litio ilustra el potencial de este enfoque [15]. Los cátodos de estas baterías requieren materiales que absorban y liberen iones de litio con facilidad, como una esponja que se empapa y se escurre miles de veces sin degradarse, almacenando además la mayor cantidad posible de energía. Varios modelos generativos, entrenados con datos de materiales conocidos, fueron capaces de proponer decenas de composiciones nuevas. Y lo más importante: algunas de ellas demostraron propiedades superiores cuando fueron sintetizadas y analizadas en el laboratorio, cerrando el ciclo entre predicción computacional y validación experimental.

El problema adquiere un carácter diferente en las aleaciones metálicas. Una aleación es, en esencia, una mezcla de elementos metálicos cuyas propiedades (resistencia mecánica, ductilidad, resistencia a la corrosión y conductividad térmica) dependen tanto de la composición como del procesamiento térmico. El espacio de búsqueda es continuo e inmenso: incluso se limita a aleaciones de cinco elementos, las combinaciones posibles se cuentan por millones. Para navegar esta inmensidad se emplea la optimización bayesiana* guiada por IA, un ejemplo de lo que se conoce como aprendizaje activo [16].

A diferencia del aprendizaje convencional, donde el modelo recibe pasivamente un conjunto de datos, aquí el algoritmo decide activamente qué experimentos realizar. Construye un modelo probabilístico de cómo las propiedades varían con la composición y, en cada iteración, sugiere una nueva aleación para probar, equilibrando la exploración de regiones desconocidas con la explotación de zonas prometedoras. Los experimentos validan las predicciones y, simultáneamente, alimentan el modelo con nuevos datos. Este ciclo cerrado permite converger hacia aleaciones óptimas con una eficiencia que sería imposible mediante ensayo y error tradicional.

Esta estrategia ha resultado especialmente fructífera en la búsqueda de las denominadas aleaciones de alta entropía, materiales que combinan cinco o más elementos en proporciones comparables [17]. A diferencia de las aleaciones convencionales, dominadas por un elemento principal, estas mezclas complejas pueden exhibir propiedades inesperadas: resistencia mecánica excepcional a temperaturas extremas, resistencia a la corrosión en ambientes agresivos o comportamientos térmicos inusuales. Mediante aprendizaje activo, un grupo de investigadores escaneó millones de composiciones teóricas, sintetizó apenas unos cientos seleccionados estratégicamente y descubrió aleaciones con coeficientes de expansión térmica ultrabajos. ¿Por qué importa esto? Un material que apenas se dilata o contrae con los cambios de temperatura es ideal para instrumentos de alta precisión, desde telescopios espaciales hasta equipos de metrología, donde una mínima deformación puede arruinar una medición.

Con los polímeros, la complejidad asciende otro peldaño. Un polímero es una cadena molecular extensa, como un collar de cuentas donde cada cuenta es una unidad química que se repite. Pero sus propiedades no dependen solo de qué tipo de "cuentas" lo forman, sino también de cómo se organiza la cadena: puede ser lineal como un hilo, ramificada como un árbol o entrecruzada formando una red tridimensional. También importa la longitud de las cadenas y cómo se pliegan y enredan entre sí. Los modelos generativos diseñados para polímeros abordan esta complejidad por niveles [18]: primero diseñan la química de las unidades básicas, luego construyen la arquitectura de la cadena y finalmente predicen cómo se comportará el material a gran escala mediante simulaciones aceleradas por IA. Este enfoque ha permitido diseñar polímeros biodegradables para envases, polímeros conductores para electrónica flexible y polímeros con propiedades mecánicas ajustables a voluntad.

Figura 5.3

El ciclo virtuoso de aceleración en el descubrimiento de materiales

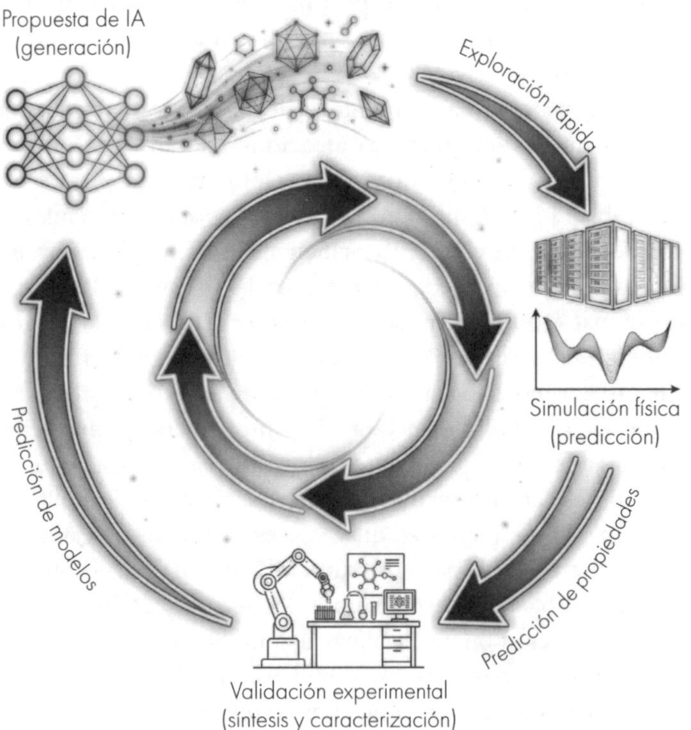

Este enfoque integra tres etapas clave en un bucle de retroalimentación continua: la IA generativa explora espacios inmensos para proponer candidatos, la simulación física predice sus propiedades rápidamente y la validación experimental a través de laboratorios robóticos autónomos sintetiza y caracteriza los materiales reales en el laboratorio. Los datos experimentales refinan constantemente los modelos computacionales, creando una sinergia que acerca la teoría y el experimento, y permite comprimir el descubrimiento de materiales complejos de décadas a meses.

Incluso ciertos materiales biológicos están siendo diseñados con estas herramientas. Las proteínas* son, en cierto sentido, los polímeros de la naturaleza: cadenas de aminoácidos que se pliegan espontáneamente en estructuras tridimensionales de extraordinaria complejidad. Predecir cómo se plegaría una secuencia de aminoácidos fue durante décadas uno de los grandes problemas abiertos de la biología. En 2021, el modelo AlphaFold* de DeepMind lo resolvió con una precisión asombrosa para la inmensa mayoría de proteínas [19].

Pero predecir es solo el primer paso, el verdadero premio es diseñar. Modelos generativos más recientes como RFdiffusion* han invertido el problema: dada una función deseada, diseñan secuencias de aminoácidos que se plegarán en la estructura adecuada [20]. Esto abre la puerta a enzimas que aceleren reacciones químicas útiles, anticuerpos que reconozcan patógenos específicos o proteínas estructurales con propiedades mecánicas a medida.

Lo que une todos estos enfoques es un ciclo virtuoso que entrelaza modelos generativos, simulaciones físicas y validación experimental. La IA propone candidatos prometedores, explorando espacios de composición y estructura con una eficiencia inalcanzable para los métodos tradicionales. Las simulaciones, como dinámica molecular, teoría del funcional de la densidad o cálculos de mecánica cuántica, predicen las propiedades de esos candidatos. Y los experimentos verifican las predicciones mientras alimentan nuevos datos que refinan los modelos. Procesos que antes requerían décadas, desde la hipótesis inicial hasta la validación experimental, se comprimen ahora en meses o incluso semanas. Y apenas estamos comenzando a vislumbrar lo que será posible cuando la creatividad generativa de la IA se alíe con el rigor de la física y la química.

5.4. Laboratorios que nunca duermen: la era de la experimentación autónoma

Generar candidatos de nuevos compuestos con IA es poderoso, pero sigue habiendo un cuello de botella: alguien tiene que sintetizar esos materiales en el laboratorio y caracterizarlos experimentalmente. Tradicionalmente, esto ha sido trabajo manual intensivo. Un estudiante de doctorado podría pasar meses optimizando una síntesis, probando decenas de condiciones experimentales y midiendo propiedades. Es lento, laborioso y limita significativamente cuántos compuestos nuevos podemos explorar.

Aquí es donde los laboratorios autónomos, o *self-driving labs* (SDL), están emergiendo como la siguiente revolución [21]. La idea es combinar robótica de laboratorio con IA para automatizar no solo la ejecución de experimentos, sino también su diseño y análisis. El resultado es un sistema que puede operar de manera ininterrumpida, explorando sistemáticamente el espacio de condiciones experimentales, aprendiendo de los resultados y proponiendo los próximos experimentos de manera autónoma.

Un SDL típicamente consiste en varios componentes [22]: módulos robóticos para síntesis (dispensadores de líquidos, brazos robóticos que manipulan reactivos y hornos programables), instrumentos de caracterización automatizados (espectrómetros, difractómetros de rayos X y microscopios), *software* de control que orquesta la secuencia de operaciones y algoritmos de IA que deciden qué experimentos hacer basándose en los resultados previos.

El ciclo de operación es un bucle cerrado: el algoritmo de IA propone un experimento (por ejemplo, "sintetiza un material con esta composición a esta temperatura"). Los robots ejecutan el experimento. Los instrumentos miden las propiedades del material resultante. Los datos se alimentan de vuelta al algoritmo de IA, que actualiza su modelo y propone el siguiente experimento. Este ciclo se repite cientos o miles de veces, convergiendo hacia materiales con propiedades óptimas.

Un ejemplo pionero es Ada, desarrollado en la Universidad de British Columbia y bautizado en honor a la matemática Ada Lovelace [23]. Este laboratorio autónomo* está especializado en optimizar películas delgadas, esas capas de material de apenas nanómetros de espesor que son esenciales en dispositivos como celdas solares y pantallas. Ada integra equipos de deposición de materiales, instrumentos de caracterización óptica y eléctrica, y un cerebro de optimización bayesiana que decide qué experimento realizar a continuación. En una demostración de su potencial, el sistema optimizó autónomamente materiales para celdas solares de perovskita*, probando cientos de condiciones en cuestión de días. El resultado: formulaciones que superaron lo logrado tras años de optimización manual en laboratorios convencionales.

Otro ejemplo impresionante es Polybot del Argonne National Laboratory [24]. Polybot está diseñado para optimizar el procesamiento de polímeros conductores. En semanas, exploró 90.000 combinaciones de parámetros de procesamiento (concentraciones, temperaturas y velocidades de recubrimiento), identificando condiciones que producen películas con conductividad comparable a los mejores estándares actuales y con muy pocos defectos. Un humano habría tardado años en hacer la misma exploración.

La autonomía puede ir aún más lejos. Investigadores de la Universidad de Liverpool construyeron un robot móvil capaz de desplazarse por un laboratorio de química, operando diferentes equipos como lo haría un científico humano [25]. El robot planifica sus propios experimentos, se mueve entre estaciones de síntesis y caracterización, y trabaja sin descanso las 24 horas del día. En una demostración impresionante, operó de forma continua durante ocho días, realizando casi 700 experimentos en busca de mejores catalizadores para producir hidrógeno. Al final, encontró formulaciones seis veces más activas que el punto de partida, un avance que habría llevado meses de trabajo humano.

Los SDL tienen ventajas claras: pueden trabajar continuamente sin fatiga, son altamente reproducibles (los robots no cometen errores de pipeteo ni olvidan registrar datos) y pueden explorar sistemáticamente espacios de parámetros que serían inviables para experimentación manual. Pero quizás lo más importante es que liberan a los científicos humanos de tareas rutinarias, permitiéndoles enfocarse en la interpretación de resultados, el diseño de hipótesis y la creatividad científica.

Los algoritmos de IA que guían estos laboratorios son sofisticados. La optimización bayesiana, que ya hemos mencionado en varias ocasiones, es una técnica habitual porque equilibra exploración (probar regiones desconocidas) con explotación (refinar cerca de buenos resultados). Los algoritmos de aprendizaje por refuerzo, también mencionados anteriormente en este volumen, están siendo explorados para problemas donde la secuencia de pasos experimentales importa [26]. Y cada vez más, se están integrando modelos generativos: un SDL puede primero usar un modelo basado en las tecnologías generativas para proponer candidatos prometedores y luego sintetizar y probar esos candidatos para validar las predicciones.

Una visión también ambiciosa son los laboratorios en la nube (*cloud labs*)*: laboratorios remotos completamente automatizados accesibles vía internet [27]. Un científico en cualquier parte del mundo puede diseñar experimentos con *software*, enviarlos a un *cloud lab* y recibir los datos sin necesidad de estar físicamente presente. *Startups* como Emerald Cloud Lab y Strateos ya ofrecen estos servicios comercialmente. Esto podría democratizar el acceso a experimentación de alta calidad, especialmente para investigadores en países en vías de desarrollo o instituciones sin recursos para la adquisición de equipamiento costoso.

Pero hay desafíos. Los SDL actuales son típicamente especializados: un SDL para películas delgadas no puede hacer síntesis orgánica. Crear SDL verdaderamente generales, capaces de realizar una amplia variedad de experimentos químicos, requiere avances en robótica (para una manipulación delicada de sólidos, líquidos y gases), en visión por computadora (para monitorizar reacciones visualmente) y en planificación automatizada (para traducir protocolos químicos escritos en lenguaje natural a instrucciones robóticas).

También hay cuestiones sobre validación y confianza. Si un SDL descubre un nuevo material, ¿cómo verificamos que el descubrimiento es robusto y reproducible? Los errores sistemáticos en calibración de instrumentos o sesgos en algoritmos de IA podrían propagarse. La comunidad está desarrollando estándares y protocolos de validación para resultados generados por SDL.

Proyectándonos al futuro, es probable que veamos redes de SDL distribuidos globalmente, especializados en diferentes tipos de química y materiales, compartiendo datos y aprendiendo colectivamente. Un SDL en Toronto podría descubrir una pista prometedora para baterías, compartir esos datos con un SDL en

Argonne especializado en caracterización electroquímica, que a su vez podría refinar la síntesis en colaboración con un SDL en Liverpool. Se trata de ciencia colaborativa a escala global, mediada y acelerada por IA.

5.5. El futuro de la ciencia de materiales: convergencia humano-máquina

Estamos presenciando la convergencia de varias revoluciones tecnológicas: IA generativa que diseña materiales, simulaciones cuánticas que predicen propiedades y laboratorios autónomos que sintetizan y validan candidatos. Juntas están creando un nuevo paradigma para la ciencia de materiales que podríamos llamar plataformas de aceleración de materiales [28]. La visión completa es poderosa: un científico especifica una necesidad ("necesito un material transparente, conductor, flexible y de bajo costo para pantallas"). Un modelo generativo propone miles de candidatos moleculares o cristalinos. A continuación, simulaciones de alto rendimiento filtran esos candidatos, descartando los que son inestables o no sintetizables. Los candidatos más prometedores se envían a un SDL que los sintetiza autónomamente y mide sus propiedades. Los resultados alimentan de vuelta a los modelos, refinando las predicciones. El ciclo se repite, convergiendo hacia materiales óptimos en semanas en lugar de décadas.

Esto no es ciencia ficción. Elementos de este paradigma de trabajo autónomo ya existen y están operativos. El Acceleration Consortium en la Universidad de Toronto, financiado recientemente con 200 millones de dólares del Gobierno canadiense, está construyendo exactamente esta visión: integrando IA generativa, simulaciones y SDL en un ecosistema unificado para acelerar descubrimiento de materiales [29]. Proyectos similares están surgiendo globalmente. El Materials Genome Initiative, en Estados Unidos, promueve desde hace años el desarrollo de bases de datos de materiales computacionales y herramientas de IA. La Unión Europea ha lanzado programas de investigación enfocados en digitalización de laboratorios. China está invirtiendo masivamente en IA para materiales, reconociendo su importancia estratégica.

El potencial impacto de estas tecnologías es transformador. En energía, podríamos diseñar baterías de próxima generación con densidades energéticas diez veces superiores, catalizadores eficientes para producir hidrógeno verde o materiales para captura de CO_2 a escala industrial. En medicina, fármacos diseñados computacionalmente para enfermedades específicas, biomateriales para implantes personalizados o el desarrollo de medicamentos personalizados. En electrónica, semiconductores con propiedades superiores al silicio, superconductores de alta temperatura o materiales para computación cuántica. Pero quizás lo más impactante será lo inesperado. Históricamente, muchos de los descubrimientos más importantes en ciencia de materiales han sido debidos a la casualidad: ejemplos son el nailon, el teflón o incluso el grafeno. Con IA explorando sistemáticamente inmensos espacios de composición y estructura, las probabilidades de descubrir algo verdaderamente sorprendente aumentan rápidamente.

Mi visión, y la de muchos en el campo, es que la IA no reemplazará a científicos humanos, sino que los amplificará. Los humanos seguirán siendo esenciales para formular las grandes preguntas, para diseñar los objetivos que los algoritmos optimizan, para interpretar resultados inesperados y para conectar descubrimientos con aplicaciones. Pero la naturaleza del trabajo científico cambiará: menos tiempo en el laboratorio llevando a cabo operaciones rutinarias, más tiempo pensando, diseñando experimentos estratégicos y extrayendo comprensión profunda de datos generados autónomamente. Apoyándose en esta visión, la ciencia de materiales podría estar entrando en su era dorada. Y la IA generativa, combinada con laboratorios autónomos, es la llave que está abriendo esas puertas. Un futuro donde diseñamos la materia del mañana, átomo por átomo, guiados por algoritmos pero inspirados por la creatividad humana. Ese futuro ya está comenzando.

[1] SANCHEZ-LENGELING, B. y ASPURU-GUZIK, A. (2018): "Inverse molecular design using machine learning: Generative models for matter engineering", *Science*, 361(6400), pp. 360-365.

[2] POLISHCHUK, P. G.; MADZHIDOV, T. I. y VARNEK, A. (2013): "Estimation of the size of drug-like chemical space based on GDB-17 data", *Journal of Computer-Aided Molecular Design*, 27(8), pp. 675-679.

[3] GÓMEZ-BOMBARELLI, R. *et al.* (2018): "Automatic chemical design using a data-driven continuous representation of molecules", *ACS Central Science*, 4(2), pp. 268-276.

[4] XIE, T. *et al.* (2022): "Crystal diffusion variational autoencoder for periodic material generation", *International Conference on Learning Representations (ICLR)*.

[5] MERCHANT, A. *et al.* (2023): "Scaling deep learning for materials Discovery", *Nature*, 624(7990), pp. 80-85.

[6] STOKES, J. M. *et al.* (2020): "A deep learning approach to antibiotic Discovery", *Cell*, 180(4), pp. 688-702.

[7] WEININGER, D. (1988): "SMILES, a chemical language and information system. 1. Introduction to methodology and encoding rules", *Journal of Chemical Information and Computer Sciences*, 28(1), pp. 31-36.

[8] SEGLER, M. H. *et al.* (2018): "Generating focused molecule libraries for drug discovery with recurrent neural networks", *ACS Central Science*, 4(1), pp. 120-131.

[9] KRENN, M. *et al.* (2020): "Self-referencing embedded strings (SELFIES): A 100% robust molecular string representation", *Machine Learning: Science and Technology*, 1(4), p. 045024.

[10] YOU, J. *et al.* (2018): "Graph convolutional policy network for goal-directed molecular graph Generation", *Advances in Neural Information Processing Systems*, 31.

[11] MAZIARKA, Ł. *et al.* (2020): "Molecule attention transformer", *arXiv preprint*, arXiv:2002.08264.

[12] ROSS, J. *et al.* (2022): "Large-scale chemical language representations capture molecular structure and Properties", *Nature Machine Intelligence*, 4(12), pp. 1256-1264.

[13] JIN, W.; BARZILAY, R. y JAAKKOLA, T. (2018): "Junction tree variational autoencoder for molecular graph Generation", *International Conference on Machine Learning*, pp. 2323-2332.
[14] COURT, C. J. *et al*. (2020): "3-D inorganic crystal structure generation and property prediction via representation learning", *Journal of Chemical Information and Modeling*, 60(10), pp. 4518-4535.
[15] LIOW, C. H. *et al*. (2022): "Machine learning assisted synthesis of lithium-ion batteries cathode materials", *Nano Energy*, 98, p. 107214.
[16] FRAZIER, P. I. (2018): "A tutorial on Bayesian optimization", *arXiv preprint*, arXiv:1807.02811.
[17] RAO, Z. *et al*. (2022): "Machine learning-enabled high-entropy alloy Discovery", *Science*, 378(6615), pp. 78-85.
[18] KUENNETH, C. *et al*. (2023): "Open macromolecular genome: Generative design of synthetically accessible polymers", *ACS Polymers Au*, 3(4), pp. 318-330.
[19] JUMPER, J. *et al*. (2021): "Highly accurate protein structure prediction with AlphaFold", *Nature*, 596(7873), pp. 583-589.
[20] WATSON, J. L. *et al*. (2023): "De novo design of protein structure and function with RFdiffusion", *Nature*, 620(7976), pp. 1089-1100.
[21] TOM, G. *et al*. (2024): "Self-driving laboratories for chemistry and materials Science", *Chemical Reviews*, 124(17), pp. 9633-9732.
[22] STACH, E. *et al*. (2021): "Autonomous experimentation systems for materials development: A community perspective", *Matter*, 4(9), pp. 2702-2726.
[23] MACLEOD, B. P. *et al*. (2020): "Self-driving laboratory for accelerated discovery of thin-film materials", *Science Advances*, 6(20), p. eaaz8867.
[24] WANG, C. *et al*. (2025): "Autonomous platform for solution processing of electronic polymers", *Nature Communications*, 16, p. 1498.
[25] BURGER, B. *et al*. (2020): "A mobile robotic chemist", *Nature*, 583(7815), pp. 237-241.

[26] Zhou, Z.; Li, X. y Zare, R. N. (2017): "Optimizing chemical reactions with deep reinforcement learning", *ACS Central Science*, 3(12), pp. 1337-1344.
[27] Lowe, D. (2020): "Cloud labs and the future of chemistry", *Science Translational Medicine*, 12(571), p. eabd9831.
[28] Flores-Leonar, M. M. *et al.* (2020): "Materials acceleration platforms: On the way to autonomous experimentation", *Current Opinion in Green and Sustainable Chemistry*, 25, p. 100370.
[29] Abolhasani, M. y Kumacheva, E. (2023): "The rise of self-driving labs in chemical and materials sciences", *Nature Synthesis*, 2, pp. 483-492.

EPÍLOGO

Hacia una inteligencia compartida

Al llegar al final de este recorrido, es inevitable sentir que solo hemos arañado la superficie. La intersección entre física e IA es un territorio inabarcable y en constante expansión, donde cada respuesta engendra nuevas preguntas y cada descubrimiento abre horizontes insospechados. Pero quizás sea precisamente esa inmensidad lo que hace que este momento sea tan emocionante.

Hemos visto como las ideas de la física estadística, concebidas hace más de un siglo para entender el comportamiento de átomos y moléculas, resultan ser el lenguaje natural para describir cómo las máquinas aprenden a generar imágenes, textos y música. Hemos explorado el reino cuántico, donde la IA se convierte en nuestra brújula para navegar espacios de posibilidades que desbordan cualquier intuición humana. Hemos asomado la cabeza a los detectores del LHC, donde algoritmos procesan en microsegundos lo que a un equipo humano le llevaría siglos analizar. Y hemos vislumbrado laboratorios del futuro donde robots incansables, guiados por redes neuronales, descubren materiales que transformarán nuestra sociedad.

Sin embargo, sería irresponsable cerrar estas páginas sin abordar una dimensión que ha permanecido latente a lo largo de todo el libro: la dimensión ética. Porque la IA no es solo una herramienta científica extraordinaria, es también una tecnología que está reconfigurando profundamente nuestra sociedad, nuestra economía y, quizás, nuestra propia concepción de lo que significa ser humano. Comencemos por lo más inmediato. El acceso a estas tecnologías no es equitativo. Los laboratorios autónomos cuestan millones de euros. Entrenar los modelos de IA más avanzados requiere recursos computacionales que solo las grandes empresas tecnológicas y los países más ricos pueden permitirse. Las bases de datos que alimentan estos algoritmos reflejan, inevitablemente, los sesgos de quienes las crearon. Existe un riesgo real de que la revolución que hemos descrito en estas páginas amplíe las desigualdades existentes en lugar de reducirlas. Los científicos de instituciones con menos recursos podrían quedar marginados, incapaces de competir con laboratorios que disponen de las últimas herramientas de IA. Los países en vías de desarrollo podrían ver cómo se ensancha la brecha tecnológica que los separa de las economías avanzadas.

Frente a este desafío hay motivos tanto para la preocupación como para la esperanza. Por un lado, muchos de los avances que hemos descrito en estas páginas se están construyendo sobre principios de ciencia abierta: bases de datos públicas, modelos de código abierto y publicaciones accesibles. Iniciativas como el Materials Project, que pone a disposición de cualquier investigador del mundo datos de cientos de miles de materiales calculados con métodos de primeros principios, ejemplifican cómo la ciencia puede democratizarse. Los *cloud labs* prometen permitir que científicos de cualquier lugar del planeta accedan remotamente a infraestructuras experimentales de primer nivel. Pero estas iniciativas requieren voluntad política, financiación sostenida y un compromiso genuino con la equidad.

Hay también preguntas más profundas que debemos plantearnos. ¿Qué significa descubrir en la era de la IA? Si un algoritmo diseña un nuevo material y un robot lo sintetiza, ¿quién merece el crédito?, ¿cómo asignamos autoría cuando el proceso creativo está distribuido entre humanos y máquinas? Estas no son cuestiones filosóficas abstractas, sino que afectan directamente a cómo financiamos la ciencia, cómo evaluamos a los investigadores, cómo concedemos patentes y cómo construimos carreras académicas. Nuestras instituciones científicas fueron diseñadas para un mundo donde los humanos eran los únicos agentes creativos.

Necesitamos adaptarlas a una realidad donde la creatividad se ha vuelto, al menos parcialmente, computacional.

Y luego está la cuestión del entendimiento. A lo largo de este libro he insistido en que la IA amplifica nuestras capacidades sin reemplazar la comprensión física profunda. Sigo creyendo que esto es cierto, pero debo reconocer que la frontera se está volviendo borrosa. Cuando una red neuronal predice con extraordinaria precisión las propiedades de un material, pero no podemos articular por qué hace esa predicción, ¿hemos ganado conocimiento o solo hemos adquirido una herramienta predictiva sofisticada, un oráculo que funciona sin que entendamos sus razones? La física siempre ha aspirado no solo a predecir, sino a explicar. ¿Qué ocurre con esa aspiración cuando nuestros mejores modelos son cajas negras impenetrables?

Mi intuición es que la respuesta no es abandonar la búsqueda de comprensión, sino redoblarla. Las técnicas de interpretabilidad*, que intentan abrir las cajas negras de la IA y entender qué han aprendido los algoritmos, son un campo de investigación activo y prometedor. A veces, al analizar qué características de los datos considera relevantes una red neuronal, descubrimos patrones que los humanos no habíamos notado, patrones que luego podemos incorporar a teorías comprensibles. La IA no tiene por qué ser el fin del entendimiento, puede ser un camino hacia formas de comprensión que no habríamos alcanzado solos.

Pero seamos honestos: también existe el riesgo de que, seducidos por el poder predictivo de estos sistemas, renunciemos gradualmente a la ambición de entender. Si un modelo funciona, ¿para qué molestarse en comprender por qué funciona? Esta tentación pragmática es real, pero debemos resistirla no porque la comprensión tenga siempre aplicaciones prácticas inmediatas, sino porque la búsqueda de comprensión es parte de lo que nos hace humanos. Renunciar a ella sería empobrecernos, aunque los algoritmos siguieran funcionando perfectamente.

Hay también dimensiones éticas que trascienden la ciencia misma. Las técnicas de IA que hemos descrito para diseñar fármacos pueden, en principio, usarse para diseñar toxinas. Los modelos que optimizan catalizadores industriales podrían optimizar procesos con consecuencias ambientales devastadoras si se aplican sin criterio. La capacidad de generar contenido sintético, ya sean imágenes, textos o incluso datos experimentales, plantea desafíos para la integridad de la información científica. ¿Cómo verificamos que los datos reportados en un artículo son genuinos y no generados por una IA entrenada para producir resultados plausibles?

La comunidad científica está empezando a desarrollar protocolos y directrices para abordar estos riesgos. Organizaciones como la Partnership on AI o el AI Now Institute trabajan en el establecimiento de principios éticos para el desarrollo de la IA. Numerosas revistas científicas están implementando políticas sobre el uso de IA en la generación de contenido. Gobiernos de todo el mundo están debatiendo regulaciones. Pero la velocidad del cambio tecnológico supera ampliamente la velocidad de nuestras respuestas institucionales. Necesitamos acelerar estos esfuerzos y necesitamos que los científicos participemos activamente en ellos, no los dejemos solo en manos de legisladores y grandes empresas tecnológicas.

Quiero terminar, sin embargo, con una nota de optimismo cauteloso. Los mismos científicos que desarrollan estas herramientas son, en su inmensa mayoría, personas profundamente comprometidas con el bien común. Los físicos que aplican IA a la búsqueda de nuevos materiales lo hacen con la esperanza de encontrar soluciones a la crisis climática, de desarrollar baterías que hagan viable la transición energética o de crear tecnologías que mejoren la vida de todos. Los investigadores que usan aprendizaje automático para analizar datos del LHC están movidos por la curiosidad más pura, el deseo de entender las leyes fundamentales que gobiernan el universo. Esa motivación, ese compromiso con la verdad y con el bienestar humano es nuestro mejor recurso para hacer frente a los desafíos éticos que tenemos por delante. El futuro que hemos vislumbrado en estas páginas no está predeterminado. Depende de las decisiones que tomemos colectivamente: qué investigaciones financiamos, qué aplicaciones fomentamos, qué regulaciones establecemos y qué valores transmitimos a las próximas generaciones de científicos.

Mi esperanza es que este libro haya contribuido, aunque sea modestamente, a una comprensión más profunda de lo que está en juego. Que haya despertado curiosidad por explorar más, escepticismo saludable ante las promesas exageradas y entusiasmo por las posibilidades genuinas. Que haya mostrado que la física y la IA no son dominios ajenos, sino compañeros de viaje en una aventura intelectual que solo ha comenzado.

Y sobre todo, espero que estas páginas hayan transmitido algo del asombro que siento cada día ante este encuentro improbable entre dos formas de entender el mundo. Un asombro que no ha hecho sino crecer a medida que escribía, y que confío en seguir sintiendo durante muchos años más. Porque si algo enseña la historia de la ciencia es que los momentos más fascinantes no son aquellos en que creemos tenerlo todo resuelto, sino aquellos en que intuimos que algo grande está por venir, aunque no sepamos exactamente qué forma tomará. Estamos viviendo uno de esos momentos. Y el privilegio de ser testigos, y quizás protagonistas, de esta transformación es algo que no debemos dar por sentado. El viaje continúa. Y lo mejor, estoy convencido, está aún por llegar.

Glosario

Acelerador de partículas: Instalación científica que utiliza campos electromagnéticos para acelerar partículas subatómicas a velocidades cercanas a la de la luz y hacerlas colisionar, permitiendo estudiar la estructura fundamental de la materia. El Gran Colisionador de Hadrones (LHC) del CERN es el ejemplo más conocido.

AGI (*artificial general intelligence*): Hipotética forma de IA que igualaría o superaría la inteligencia humana en todas las tareas cognitivas. Contrasta con la IA actual, denominada estrecha o débil, que solo destaca en dominios específicos para los que ha sido entrenada.

AlphaFold: Sistema de IA desarrollado por DeepMind (Google) que predice la estructura tridimensional de proteínas a partir de su secuencia de aminoácidos con gran precisión.

Aprendizaje automático (*machine learning*): Rama de la IA que permite a los sistemas informáticos aprender patrones a partir de datos y mejorar su rendimiento en tareas específicas sin ser programados explícitamente para cada caso.

Aprendizaje automático cuántico (*quantum machine learning*): Campo que explora la intersección entre computación cuántica y aprendizaje automático, buscando algoritmos cuánticos que aceleren tareas de IA.

Aprendizaje no supervisado (*unsupervised learning*): Tipo de aprendizaje automático donde el algoritmo encuentra patrones y estructuras en datos sin etiquetas previas, descubriendo agrupaciones o relaciones que no fueron especificadas de antemano.

Aprendizaje por refuerzo (*reinforcement learning*): Paradigma de aprendizaje automático donde un agente aprende a tomar decisiones mediante prueba y error, recibiendo recompensas o penalizaciones según el éxito de sus acciones.

Aprendizaje profundo (*deep learning*): Subconjunto del aprendizaje automático que utiliza redes neuronales artificiales con múltiples capas de procesamiento para aprender representaciones jerárquicas de los datos.

ATLAS (A Toroidal LHC Apparatus): Uno de los dos grandes detectores de propósito general del LHC, diseñado para investigar una amplia gama de la física, desde la búsqueda del bosón de Higgs hasta dimensiones extra y partículas de materia oscura.

Autocodificador (*autoencoder*): Tipo de red neuronal que aprende a comprimir datos en una representación de menor dimensión (codificación) y luego reconstruirlos (decodificación). Útil para reducción de dimensionalidad, detección de anomalías y generación de datos.

Autocodificador variacional (VAE): Variante generativa del autoencoder que aprende una distribución de probabilidad en el espacio latente, permitiendo generar nuevos datos muestreando dicha distribución.

Bosón de Higgs: Partícula elemental predicha por el modelo estándar, descubierta en 2012 en el LHC. Su existencia confirma el mecanismo que otorga masa a otras partículas fundamentales.

Calorímetro: Detector que mide la energía de partículas mediante la absorción completa de estas, produciendo cascadas de partículas secundarias cuya señal es proporcional a la energía inicial.

CERN (Conseil Européen pour la Recherche Nucléaire): Organización Europea para la Investigación Nuclear, el mayor laboratorio de física de partículas del mundo, ubicado en la frontera entre Suiza y Francia.

Circuito cuántico variacional: Algoritmo híbrido cuántico-clásico donde un ordenador cuántico ejecuta un circuito parametrizado y un ordenador clásico optimiza los parámetros para resolver problemas específicos.

CMS (Compact Muon Solenoid): Uno de los dos grandes detectores de propósito general del LHC, junto con ATLAS.

Coherencia cuántica: Propiedad de los sistemas cuánticos que permite la superposición de estados. La pérdida de coherencia (decoherencia) destruye los efectos cuánticos.

Control cuántico óptimo: Campo que busca diseñar secuencias de operaciones (basadas en pulsos láser o campos magnéticos) que lleven un sistema cuántico de un estado inicial a un estado final deseado de manera óptima.

Descenso de gradiente: Algoritmo de optimización que ajusta iterativamente los parámetros de un modelo moviéndose en la dirección de máxima disminución del error.

Detección de anomalías: Técnica de aprendizaje automático que identifica datos que se desvían significativamente del comportamiento esperado o normal.

Diagrama de Feynman: Representación gráfica de las interacciones entre partículas en teoría cuántica de campos, utilizada para calcular probabilidades de procesos físicos.

Difusión (modelo de): Tipo de modelo generativo que aprende a revertir un proceso gradual de adición de ruido, generando datos nuevos a partir de ruido puro.

Distribución de probabilidad: Función matemática que permite asignar probabilidades a todos los posibles resultados de un experimento o estados de un sistema.

Entrelazamiento cuántico: Fenómeno cuántico donde dos o más partículas quedan correlacionadas de tal manera que el estado de una determina instantáneamente el estado de las otras, independientemente de la distancia que las separe.

Espacio latente: Representación comprimida de los datos aprendida por modelos como autocodificadores, donde cada punto corresponde a una configuración posible de los datos originales.

Espín cuántico: Propiedad intrínseca de las partículas cuánticas, análoga a un momento angular interno, que puede tomar solo ciertos valores discretos (por ejemplo, "arriba" o "abajo" para un espín 1/2).

Etiquetado-b (*b-tagging*): Técnica utilizada en física de partículas para identificar chorros o *jets* que provienen de *quarks* tipo *bottom*, crucial para muchos análisis incluyendo estudios del bosón de Higgs.

Fase de la materia: Estado cualitativamente distinto de un sistema físico caracterizado por propiedades específicas. Las transiciones entre fases pueden ser clásicas (como hielo a agua) o cuánticas.

Fase topológica: Fase de la materia caracterizada no por ruptura de simetría, sino por propiedades topológicas globales del sistema, como los aislantes topológicos.

FPGA (Field-Programmable Gate Array): Circuito integrado que puede ser programado después de su fabricación para realizar cálculos específicos a muy alta velocidad, utilizado en sistemas de disparo del LHC.

Función de onda: Descripción matemática completa del estado cuántico de un sistema, que contiene toda la información sobre las probabilidades de los posibles resultados de mediciones.

GAN (Generative Adversarial Network): Arquitectura de aprendizaje profundo donde dos redes neuronales compiten: un generador que crea datos sintéticos y un discriminador que intenta distinguirlos de datos reales.

GNoME (Graph Networks for Materials Exploration): Modelo de DeepMind (Google) que predice la estabilidad de materiales cristalinos.

GPT (*generative pre-trained transformer*): Familia de modelos de lenguaje que generan texto prediciendo la siguiente palabra en una secuencia, entrenados con grandes cantidades de texto.

GPU (Graphics Processing Unit): Procesador diseñado originalmente para renderizar gráficos, pero que resulta muy eficiente para los cálculos masivamente paralelos requeridos por el aprendizaje profundo.

Grafo (red neuronal basada en): Arquitectura de red neuronal diseñada para operar sobre datos estructurados como grafos, donde nodos representan entidades y aristas representan relaciones.

IA (inteligencia artificial): Campo de la informática dedicado a crear sistemas capaces de realizar tareas que normalmente requieren inteligencia humana, como reconocimiento de patrones, toma de decisiones y aprendizaje.

Integral de bucle de Feynman: Integral matemática compleja que aparece en los cálculos de teoría cuántica de campos cuando se consideran correcciones cuánticas a procesos físicos.

Interpretabilidad: Capacidad de entender y explicar cómo un modelo de aprendizaje automático llega a sus predicciones, crucial para aplicaciones científicas donde la comprensión importa tanto como la predicción.

***Jet*:** Chorro colimado de partículas producido cuando un *quark* o gluon se fragmenta tras una colisión de alta energía.

Laboratorio autónomo (*self-driving lab*): Sistema que combina robótica de laboratorio con inteligencia artificial para diseñar, ejecutar y analizar experimentos de manera autónoma.

Laboratorio en la nube (*cloud lab*): Laboratorio completamente automatizado accesible remotamente a través de internet, que permite a investigadores de cualquier lugar del mundo diseñar y ejecutar experimentos.

LHC (Large Hadron Collider): El acelerador de partículas más grande y potente del mundo, un anillo de 27 km de circunferencia que colisiona protones a energías sin precedentes.

LHC de alta luminosidad: Actualización planificada del LHC que aumentará la tasa de colisiones por un factor de cinco a siete a partir de 2029, requiriendo avances significativos en procesamiento de datos.

Maldición de la dimensionalidad: Fenómeno por el cual el volumen del espacio de configuraciones crece exponencialmente con el número de dimensiones, haciendo computacionalmente inviable la exploración exhaustiva.

Máquina de Boltzmann: Tipo de red neuronal estocástica inspirada en la física estadística, donde las neuronas se actualizan probabilísticamente según una distribución de Boltzmann.

Materials Project: Base de datos pública que contiene propiedades calculadas de cientos de miles de materiales, accesible gratuitamente para investigadores de todo el mundo.

Mecánica cuántica: Teoría física que describe el comportamiento de la materia y la energía a escalas atómicas y subatómicas, donde dominan fenómenos como la superposición y el entrelazamiento.

Mecanismo de atención: Componente de redes neuronales que permite al modelo enfocarse selectivamente en las partes más relevantes de la entrada para cada predicción.

Modelo de Ising: Modelo matemático de espines que interactúan en una red, originalmente desarrollado para estudiar ferromagnetismo, que ha encontrado aplicaciones en campos tan diversos como la neurociencia y las ciencias sociales.

Modelo estándar: Teoría que describe las partículas elementales conocidas y tres de las cuatro fuerzas fundamentales (electromagnética, nuclear fuerte y nuclear débil), excluyendo la gravedad.

Modelo generativo: Tipo de modelo de aprendizaje automático que aprende la distribución de probabilidad de los datos y puede generar nuevas muestras de dicha distribución.

Monte Carlo cuántico: Familia de métodos computacionales que utilizan muestreo aleatorio para calcular propiedades de sistemas cuánticos de muchos cuerpos.

Muestreo: Proceso de generar configuraciones aleatorias según una distribución de probabilidad específica.

Muon: Partícula elemental similar al electrón pero aproximadamente 200 veces más masiva, producida en colisiones de alta energía y útil para identificar ciertos procesos físicos.

Neurona artificial: Unidad básica de una red neuronal artificial que recibe entradas, las combina con pesos ajustables y produce una salida a través de una función de activación.

Optimización bayesiana: Método de optimización que construye un modelo probabilístico de la función objetivo y lo utiliza para decidir qué puntos evaluar a continuación, equilibrando la exploración de regiones desconocidas con la explotación de nuevas regiones prometedoras.

Optimización: Proceso de encontrar los mejores valores de parámetros que minimizan (o maximizan) una función objetivo, fundamental para el entrenamiento de modelos de aprendizaje automático.

Ordenador cuántico: Dispositivo de computación que utiliza fenómenos cuánticos como la superposición y el entrelazamiento para realizar cálculos, con capacidad de resolver ciertos problemas de forma exponencialmente más rápida que los ordenadores clásicos.

Paisaje de energía: Representación metafórica donde cada configuración de un sistema corresponde a un punto en un espacio multidimensional y la altura representa la energía de esa configuración.

Parámetro de orden: Cantidad física que caracteriza una transición de fase, siendo típicamente cero en una fase y no cero en otra (por ejemplo, la magnetización en la transición ferromagnética).

Perceptrón: Modelo de neurona artificial propuesto por Frank Rosenblatt en 1958, considerado el primer algoritmo de aprendizaje automático.

Perovskita: Familia de materiales con una estructura cristalina específica, prometedores para aplicaciones en celdas solares debido a su eficiencia y bajo costo de fabricación.

PINN (*physics-informed neural networks*): Redes neuronales que incorporan las ecuaciones físicas gobernantes directamente en su función de pérdida, asegurando que las predicciones respeten las leyes de la física.

Proteína: Biomolécula formada por cadenas de aminoácidos que se pliegan en estructuras tridimensionales específicas, realizando funciones esenciales en los seres vivos.

Quark: Partícula elemental que constituye protones y neutrones. Existen seis tipos (sabores): *up*, *down*, *charm*, *strange*, *top* y *bottom*.

Qubit: Unidad básica de información cuántica, análogo cuántico del bit clásico, que puede existir en superposición de los estados 0 y 1 simultáneamente.

Reconstrucción de eventos: Proceso de inferir qué partículas se produjeron en una colisión y sus propiedades a partir de las señales registradas en los detectores.

Red de Hopfield: Tipo de red neuronal recurrente con conexiones simétricas, capaz de almacenar patrones como mínimos de una función de energía y recuperarlos a partir de versiones incompletas o ruidosas.

Red neuronal artificial: Sistema computacional inspirado de manera muy libre en el cerebro biológico, compuesto por unidades (neuronas) interconectadas que procesan información.

Red tensorial: Representación matemática eficiente de estados cuánticos de muchos cuerpos que explota la estructura de entrelazamiento del sistema.

Regresión simbólica: Técnica que busca expresiones matemáticas explícitas que describan la relación entre variables en un conjunto de datos, en contraste con modelos de caja negra.

RFdiffusion: Modelo generativo basado en difusión para diseñar secuencias de proteínas que se plieguen en estructuras con funciones predefinidas.

RNN (*recurrent neural network*): Arquitectura de red neuronal diseñada para procesar secuencias, donde las conexiones forman ciclos que permiten mantener memoria de entradas anteriores.

SELFIES (*self-referencing embedded strings*): Representación de moléculas como cadenas de texto diseñada para garantizar que toda cadena válida corresponda a una molécula químicamente válida.

Simulación numérica: Uso de ordenadores para resolver aproximadamente ecuaciones matemáticas que describen sistemas físicos, permitiendo estudiar fenómenos demasiado complejos para soluciones analíticas.

Sistema de disparo (*trigger*): Sistema de selección en tiempo real que decide, en microsegundos, qué colisiones del LHC se guardan para análisis posterior y cuáles se descartan.

SMILES (Simplified Molecular Input Line Entry System): Notación que representa estructuras moleculares como cadenas de texto, facilitando su procesamiento computacional.

Superconductividad: Fenómeno cuántico donde ciertos materiales conducen electricidad sin resistencia por debajo de una temperatura crítica.

Superposición cuántica: Principio de la mecánica cuántica por el cual un sistema puede existir simultáneamente en múltiples estados hasta que una medición lo colapsa a un estado definido.

Supersimetría: Extensión teórica del modelo estándar que postula una simetría entre fermiones y bosones, prediciendo nuevas partículas aún no observadas.

Supervisión débil: Enfoque de aprendizaje automático que utiliza etiquetas imprecisas, incompletas o generadas automáticamente en lugar de anotaciones manuales exhaustivas.

Temperatura (en física estadística): Parámetro que controla la distribución de un sistema entre estados de diferente energía. A baja temperatura, el sistema prefiere estados de baja energía; a alta temperatura, explora más estados.

Test de Turing: Prueba propuesta por Alan Turing para evaluar la inteligencia de una máquina basándose en su capacidad de mantener una conversación indistinguible de la de un humano.

Tomografía de estado cuántico: Proceso de reconstruir completamente el estado cuántico de un sistema mediante múltiples mediciones sobre copias idénticas del sistema.

Transformador (*transformer*): Arquitectura de red neuronal basada en mecanismos de atención, revolucionaria para el procesamiento de lenguaje natural y cada vez más aplicada a otros dominios.

Transición de fase cuántica: Transición de fase que ocurre a temperatura cero, impulsada por fluctuaciones cuánticas en lugar de térmicas.

Transición de fase: Cambio cualitativo en las propiedades de un sistema cuando se varía un parámetro externo (como temperatura o presión), por ejemplo, de sólido a líquido.

Valencia (regla de): Principio químico que determina cuántos enlaces puede formar un átomo basándose en su estructura electrónica.

REAL SOCIEDAD ESPAÑOLA DE FÍSICA (RSEF)

La Real Sociedad Española de Física (RSEF) es una institución sin ánimo de lucro continuadora de la rama de Ciencias Físicas de la Real Sociedad Española de Física y Química (RSEFQ), fundada en el año 1903 y dividida en 1980 en las actuales Reales Sociedades de Física (RSEF) y de Química (RSEQ). La RSEF es una asociación declarada de utilidad pública y de carácter social cuyo objetivo es promover el desarrollo de la física en todas sus facetas, fomentando la investigación, la enseñanza, la cultura científica y la divulgación de la física en todos sus aspectos.

FUNDACIÓN RAMÓN ARECES (FRA)

Creada en 1976, la Fundación Ramón Areces desarrolla su actividad en los ámbitos de las ciencias de la vida y de la materia, las ciencias sociales y las humanidades, áreas en las que impulsa la investigación científica, contribuye a la formación de capital humano, y difunde el conocimiento.